CDA数据分析师技能树系列

Tableau
数据分析
从小白到高手

▶ 全彩视频版

TABLEAU DATA ANALYSIS
FROM BEGINNER TO EXPERT

王国平

编著

化学工业出版社
·北京·

内容简介

　　大数据时代，掌握必要的数据分析能力，将大大提升工作效率和自身竞争力。Tableau是一款数据分析及可视化工具，本书将详细讲解利用Tableau进行数据分析及展示的相关知识。

　　书中主要内容包括：Tableau数据分析概述、连接数据源、Tableau基础操作、数据可视化、统计分析、仪表板和故事；Tableau Prep数据清洗、处理、角色和参数，Tableau Prep的高级应用，数据清洗和分析案例，以及Tableau在线服务器等。

　　本书内容丰富，采用全彩印刷，配套视频讲解，结合随书附赠的素材边看边学边练，能够大大提高学习效率，迅速掌握Tableau数据分析技能并用于实践。

　　本书适合数据分析初学者、初级数据分析师、数据库技术人员、市场营销人员、产品经理等自学使用。同时，本书也可用作职业院校、培训机构相关专业的教材及参考书。

图书在版编目（CIP）数据

Tableau数据分析从小白到高手/王国平编著. —
北京：化学工业出版社，2023.11
　ISBN 978-7-122-44228-4

　Ⅰ．①T… 　Ⅱ．①王… 　Ⅲ．①可视化软件-数据分析
Ⅳ．①TP317.3

　中国国家版本馆CIP数据核字（2023）第182002号

责任编辑：耍利娜　　　　　　　　　　文字编辑：侯俊杰　李亚楠　陈小滔
责任校对：王　静　　　　　　　　　　装帧设计：孙　沁

出版发行：化学工业出版社（北京市东城区青年湖南街13号　邮政编码100011）
印　　装：北京宝隆世纪印刷有限公司
710mm×1000mm　1/16　印张18$\frac{1}{2}$　字数288千字
2024年3月北京第1版第1次印刷

购书咨询：010-64518888　　　　　　售后服务：010-64518899
网　　址：http://www.cip.com.cn
凡购买本书，如有缺损质量问题，本社销售中心负责调换。

定　　价：99.00元　　　　　　　　　　　　　　　版权所有　违者必究

前　言

"让每个人都成为数据分析师"是大数据时代的要求，数据可视化恰恰从侧面缓解了专业数据分析人才的缺乏。Tableau、Microsoft、SAS、IBM等企业纷纷加入数据可视化的阵营，在降低数据分析门槛的同时，为分析结果提供更炫的展现效果。为了进一步让大家了解如何选择合适的数据可视化产品，本书将围绕这一话题展开，希望能对正在选择中的个人和企业有所帮助。

截至2023年5月，Tableau的最新版本是2023.1，该版本的功能有较大幅度的提升，提供全新的数据模型，简化复杂的数据分析，无需编码或脚本语言技能，客户可以更轻松地跨多个数据表来回答复杂的业务问题。本书正是基于此版本编写的，全面详细地介绍了Tableau在数据分析与数据处理方面的重要应用。

本书主要特色

特色1：内容丰富，涵盖领域广泛，适合各行业人士快速提升Tableau技能。

特色2：看得懂，学得会，注重传授方法、思路，以便读者更好地理解与运用。

特色3：贴近实际工作，介绍职场人急需的技能，通过案例学习效果立竿见影。

本书写了哪些内容?

8. Tableau Prep 数据处理基础

9. Tableau Prep 数据清洗与处理

10. Tableau Prep 数据角色和参数

11. Tableau Prep 高级应用

12. 运营数据清洗案例

13. 空气质量数据分析案例

14. Tableau 在线服务器

Tableau 数据分析
从小白到高手

1. Tableau 数据分析概述

2. Tableau 连接数据源

3. Tableau 操作入门

4. Tableau 基础操作

5. Tableau 数据可视化

6. Tableau 统计分析

7. Tableau 仪表板和故事

⬤ 使用本书的注意事项

（1）Tableau软件版本

本书是基于Tableau 2023软件进行编写，建议读者安装Tableau 2023.1和Tableau Prep 2023.1进行学习。由于Tableau 2023与Tableau 2022、Tableau 2021等版本间的差异不大，因此，本书也适用其他版本的学习。

（2）软件菜单命令

在本书中，当需要介绍Tableau软件界面的菜单命令时，采用"【 】"符号，例如，介绍变量解聚功能时，会描述为：依次单击【分析】|【聚合度量】选项。

由于编著者水平所限，书中难免存在不妥之处，请读者批评指正。

编著者

目 录

1 Tableau 数据分析概述

2 Tableau 连接数据源

Tableau 操作入门

Tableau 基础操作

5　Tableau 数据可视化

6　Tableau 统计分析

7 Tableau 仪表板和故事

8 Tableau Prep 数据处理基础

9 Tableau Prep 数据清洗与处理

10 Tableau Prep 数据角色和参数

11 Tableau Prep 高级应用

12 运营数据清洗案例

13 空气质量数据分析案例

14 Tableau 在线服务器

1

Tableau
数据分析概述

▼

数据可视化技术允许利用图形、图像处理、计算机视觉，以及用户界面，通过表达、建模，以及对立体、表面、属性、动画的显示，对数据加以可视化解释。Tableau数据可视化软件为用户在数据可视化方面提供了行之有效的方法，本章将详细介绍数据可视化概述、Tableau软件概况、快速入门Tableau软件、Tableau工作区和如何学习Tableau等。

扫码观看本章视频

1.1　数据可视化概述

1.1.1　业务场景说明

当前连锁企业呈现出快速向规模化、跨区域化、大型化发展的特征，那些快速应用大数据技术，持续优化精准营销、销售与供应链的连锁企业往往能够立于不败之地，从某种程度来说，数据已是连锁企业走向智慧零售的关键。

假设你是一家大型零售连锁店的数据分析师，部门经理刚刚拿到一份季度销售额报表，注意到某些产品的销售额似乎比其他产品要好，某些地区的利润没有预期的那样好。公司老板对账面利润比较感兴趣，经理安排你负责进一步深入分析这份报表，挖掘报表中企业的销售额和利润额之间的关系，看看是否能找出影响销售额和利润的因素。

此外，部门经理还要求你提出企业营销过程中需要改进的领域，并将分析结果通过网络的形式提供给相关团队人员，这样可以方便在线浏览结果并制定相应的营销策略，从而提高公司产品线的销售额和盈利能力。

对于这样的业务需求场景，我们可以使用Tableau Desktop构建一个简单的产品数据视图，按地区建立产品销售额和利润的图表，构建包含所有视图的仪表板，然后创建要呈现的故事，最后在Web上分享发现，以便远程团队成员查看。

工作中我们可以用Excel、Python等进行可视化分析，那么为什么要用Tableau呢？这主要是因为Tableau绘制的图表可以是动态的多个视图的整合，可以在生成的图片上进行二次操作，选择你需要的对象进行观察，同时也可以加入后续的数字看板里，进行动态展示。而Excel、Python等工具生成的只是一张图片，所有的东西叠加在一张图片里，不可以对图片进行二次的操作，总之它们之间的差异称之为静态、动态图的区别。

1.1.2　数据可视化简介

数据可视化的历史可以追溯到20世纪50年代计算机图形学的早期，人们利用计算机创建了首批图表。1987年，一篇题目为 *Visualization in Scientific Computing*（即《科学计算可视化》）的论文成为数据可视化发展的里程碑，它强调基于计算机可视化技术的必要性。

随着数据种类和数量的增长、计算机运算能力的提升，越来越多高级计算机图形学技术与方法应用于处理和可视化这些海量数据。20世纪90年代初期，"信息可视化"成为新的研究领域，旨在为抽象异质性数据集的分析工作提供支持。

当前，数据可视化是一个既包含科学可视化，又包含信息可视化的新概念。数据可视化是可视化技术在非空间数据上的新应用，使人们不再局限于通过关系数据表观察和分析数据，还能以更直观的方式看到数据与数据之间的结构关系。

传统数据可视化工具仅将数据加以组合，通过不同展现方式提供给用户，用于发现数据之间的关联信息。近年来，随着云和大数据时代的来临，数据可视化产品已经不再满足于使用传统数据可视化工具对数据仓库中的数据进行简单的展现。

新型数据可视化产品必须满足互联网时代的大数据需求，必须快速收集、筛选、分析、归纳、展现决策者所需要的信息，并根据新增数据进行实时更新。在大数据时代，数据可视化工具必须具有以下4种特性。

实时性：数据可视化工具必须适应大数据时代数据量的爆炸式增长需求，必须快速收集、分析数据，并对数据信息进行实时更新。

操作简单：数据可视化工具需要满足快速开发、易于操作的特性，且能满足互联网时代信息多变的特点。

视图丰富：数据可视化工具需具备更丰富的视图展现形式，能充分满足展现多维度数据的要求。

支持多种数据源：数据的来源不局限于数据库，数据可视化工具将支持团队协作数据、数据仓库、文本等多种方式，并能够通过互联网进行共享。

1.1.3 可视化主要步骤

常言道：一图胜千言。在工作中，我们分析需求和抽取数据时，使用合适的图表进行数据展示，可以清晰有效地传达所要沟通的信息，因此图表是"数据可视化"的常用且重要的策略。

在Tableau中，实现数据可视化的步骤相对比较简单，主要步骤如图1-1所示。

图1-1　数据可视化步骤

1.1.4　可视化注意事项

在实际工作中，如何准确进行数据可视化，需要注意以下几点。

（1）数据分析与数据可视化的差异

数据分析和数据可视化存在着天然的差别，但这并不是说两者永远不会和谐共处或者离和谐很远。在实际处理数据时，数据分析应该先于可视化，而可视化分析可能是呈现有效分析结果的一种好方法，两者在应用中存在着关联性。

（2）正确理解数据仪表板

在数据分析师的工作中，可能会涉及创建仪表板，它是交流见解非常有效的工具，但是当用户使用仪表板时，等待他们的应该是根据仪表板进行讨论与决策，换句话说，仪表板不应是数据分析的终点，而是讨论和决策的起点。

（3）不要仅仅停留在可视化视图上

现在数据可视化有很多工具，快速构建可视化结果非常容易。作为分析师，首先要作出合适的仪表板，还需要确保提供的数据是可以访问、易于理解和清晰的，分析结果还要添加注释、标题和副标题等，以引导读者浏览报告或仪表板。

1.2　Tableau 软件概况

Tableau公司成立于2003年，是由斯坦福大学的三位校友Christian Chabot（首席执行官）、Chris Stole（开发总监），以及Pat Hanrahan（首席科学家）在远离硅谷的西雅图注册成立的。Tableau可视化工具是一系列软件的总称，包括Tableau Desktop、Tableau Prep、Tableau Cloud、Tableau Server、Tableau Public、Tableau Mobile等子产品。

1.2.1　Tableau Desktop

"人人可用、处处可用的分析"，这是Tableau官方网站上对Tableau

Desktop（图1-2）的描述。Tableau帮助人们查看并理解数据，正在改变人们使用数据解决问题的方式，借助它来提高数据驱动程度。使用者不需要精通复杂的编程和统计原理，只需要把数据直接拖放到工具簿中，通过一些简单的设置就可以得到想要的可视化图形。

图1-2　Tableau Desktop

Tableau Desktop的学习成本很低，使用者可以快速上手，这无疑对日渐追求高效率和成本控制的企业来说具有巨大吸引力，特别适合日常工作中需要绘制大量报表、经常进行数据分析或需要制作图表的人使用。简单、易用并没有妨碍Tableau Desktop拥有强大的性能，它不仅能完成基本的统计预测和趋势预测，还能实现数据源的动态更新。

1.2.2　Tableau Prep

2018年4月,Tableau推出全新的数据准备产品Tableau Prep（图1-3），它定位于如何帮助人们以快速可靠的方式对数据进行合并、组织和清理，进一步缩短从数据获取见解所需的时间。简而言之，Prep是一款简单易用的数据处理工具（部分ETL工作）。

通常，之所以需要使用Tableau Prep，是因为我们在使用BI工具进行数据可视化展示时，常常数据不具有适合分析的形制（数据模型），很难应对复杂的数据准备工作。因此，我们需要一种更方便的工具来搭建我们需要的数据模型。

图1-3　Tableau Prep

1.2.3　Tableau Cloud

Tableau Cloud（图1-4）原名Tableau Online，它是Tableau Server的软件即服务托管版本，让商业分析比以往更加快速轻松。可以利用Tableau Desktop发布仪表板，然后与同事、合作伙伴或客户共享，利用云智能随时随地、快速找到答案。

图1-4　Tableau Cloud

在Tableau Cloud平台上可以体验企业级的完全托管式云端解决方案。快捷、灵活、易用的自助式平台采用企业架构设计，简化了数据价值的发掘流程，让员工在任何地方都可以更快、更有信心地作出决策。准备数据、分析、协作、发布和共享，都可一站完成。

1.2.4　Tableau Server

Tableau Server（图1-5）是一种新型的商业智能，传统的商业智能系统往往很笨重、复杂，需要运用专业人员和资源进行操作和维护，一般由企业专门设立的IT部门进行维护，不过IT技术人员通常缺乏企业其他人员的商业背景，这种鸿沟导致对系统利用的低效率和时间滞后。

图1-5　Tableau Server

Tableau Server非常简单、易用，一般人都能学会，是一种真正自助式的商业智能，速度比传统商业智能快100倍。更重要的是，Tableau Server是一种基于Web浏览器的分析工具，是可移动式的商业智能，用iPad、Android平板也可以进行浏览和操作，而且Tableau的iPad和Android应用程序都已经过触摸优化处理，操作起来非常容易。

1.2.5　Tableau Public

Tableau Public（图1-6）是Tableau的免费版本，可以在线探索、创建和公开分享数据可视化。任何人都可以使用该平台内Web制作功能免费创建可视化项，适合所有想要在Web上讲述交互式数据故事的人。

通过全球100多万分析师制作的数百万互动数据可视化项，Tableau Public

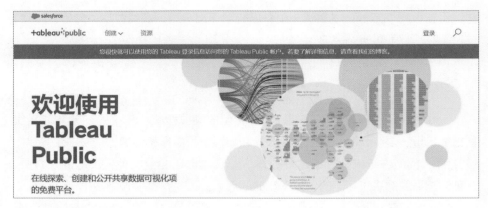

图 1-6　Tableau Public

社区允许探索从音乐到体育再到政治等任何主题的数据可能带来的艺术，在这里可以成长并相互学习，可以轻松地提高自己的数据技能。

1.2.6　Tableau Mobile

Tableau Mobile（图 1-7）可以帮助用户随时掌握数据，需要搭配 Tableau Cloud 或 Tableau Server 账户才能使用。Tableau Mobile 可使我们随时随地与数据同步，无须等到返回办公室或飞机降落后，借助交互式预览，数据触手可及，无论是否连接到网络，都是如此。

数据从未如此近在咫尺，通过指尖触控，即可选择、筛选和下钻数据，使用自动触控优化的控件与数据进行交互。通过赏心悦目的直观界面，直接呈现我们

图 1-7　Tableau Mobile

8

喜爱的、最近使用的仪表板，访问所需数据变得前所未有的简单。

1.3 Tableau 快速入门

1.3.1 "开始"页面

Tableau Desktop工作簿文件与Excel工作簿十分类似，包含一个或多个工作表，可以是普通工作表、仪表板或故事。通过这些工作簿文件，可以对结果进行组织、保存和共享。

打开Tableau时自动创建一个空白工作簿，默认的名称是"Tableau–工作簿1"，也可以创建新的工作簿，方法是菜单栏依次点击【文件】|【新建】。

Tableau Desktop的"开始"页面主要由"连接""打开"和"加速器"3个区域组成，可以从中连接数据、访问最近使用的工作簿等，如图1–8所示。

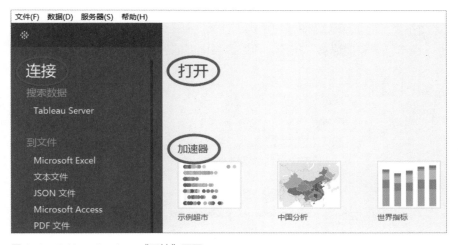

图1–8　Tableau Desktop "开始"页面

（1）连接

➢ 连接"到文件"：可以连接存储在Microsoft Excel文件、文本文件、Access文件、Tableau数据提取文件和统计文件等的数据源。

➢ 连接"到服务器"：可以连接存储在数据库中的数据，如Tableau Server、

Microsoft SQL Server 或 Oracle 和 MySQL 等。

➤ 已保存数据源：快速打开之前保存到"我的 Tableau 存储库"目录的数据源，默认情况下显示一些已保存数据源的示例。

（2）打开

在"打开"窗格可以执行以下操作。

➤ 访问最近打开的工作簿：首次打开 Tableau Desktop 时，此窗格为空，随着创建和保存新工作簿，此处将显示最近打开的工作簿。

➤ 锁定工作簿：可通过单击工作簿缩略图左上角的"锁定"按钮，将工作簿锁定到开始页面。

（3）加速器

Tableau 加速器是预先构建的仪表板，旨在帮助快速启动数据分析。加速器专为特定行业和企业应用量身定制，由样本数据构建而成，可以用样本数据替换自己的数据，从而以最少的设置发现洞察。

打开并探索加速器工作簿，有助于我们深入了解 Tableau 可以做什么。在 2022.2 版本之前，这些工作簿称为示例工作簿。在 Tableau Desktop 的"开始"页面上，点击"更多加速器"按钮，可以查看更多的加速器，如图 1-9 所示。

图 1-9 Tableau 加速器

1.3.2 "数据源"页面

在建立与数据的初始连接后,Tableau将引导我们进入"数据源"页面,也可以通过在工作簿任意位置单击"显示开始页面"按钮返回"开始"页面,重新连接数据源,如图1-10所示。

图1-10 单击"显示开始页面"按钮

页面外观和可用选项会根据连接的数据类型而异。"数据源"页面通常由3个主要区域组成:左侧窗格、画布和网格(包括元数据网格和数据网格),如图1-11所示。

图1-11 "数据源"页面

11

（1）左侧窗格

"数据源"页面的左侧窗格，显示有关Tableau Desktop连接数据的详细信息。对于基于文件的数据，左侧窗格可能显示文件名和文件中的工作表；对于关系数据，左侧窗格可能显示服务器、数据库或架构、数据库中的表。

（2）画布

连接大多数关系数据和基于文件的数据后，我们可以将一张或多张表拖放到画布区域的顶部以设置Tableau数据源。当连接多维数据集数据后，"数据源"页面的顶部会显示可用的目录或要从中进行选择的查询和多维数据集。

（3）数据网格

通过使用网格，我们可以查看数据源中的字段和前1000行数据，还可以使用网格对Tableau 数据源进行一般的修改，如排序／隐藏字段、重命名字段／重置字段名称、创建计算、更改列／行排序或添加别名。

（4）元数据网格

元数据网格会将数据源中的字段显示为行，以便能够快速检查Tableau数据源的结构并执行日常管理任务，如重命名字段或一次性隐藏多个字段。

1.3.3　数据类型及转换

数据源中的所有字段都具有一种数据类型。数据类型反映了该字段中存储信息的种类，如整数、日期和字符串。字段的数据类型在"数据"窗格中由图标标识。Tableau Desktop的主要数据类型如图1-12所示。

下面介绍Tableau支持的数据类型。

图标	说明
Abc	文本值
📅	日期值
📅⏱	日期和时间值
#	数字值
T|F	布尔值（仅限关系数据源）
⊕	地理值（用于地图）

图1-12　Tableau Desktop的主要数据类型

（1）字符串（String）

字符串是由零个或更多字符组成的序列。例如，"Wisconsin" "ID-44400"和"Tom Sawyer"都是字符串，字符串通过单引号或双引号进行识别。引号字符本身可以重复包含在字符串中，如"O"Hanrahan"。

（2）日期或日期时间（Date/Date Time）

如"January 23,2023"或"January 23,2023 12:32:00 AM"。如果要将以长型格式编写的日期解释为日期/日期时间，就要在两端放置#符号。例如，"January 23,2023"被视为字符串数据类型，而#January 23,2023#被视为日期/日期时间数据类型。

（3）数值型（Numeric）

Tableau中的数值可以为整数或浮点数。对于浮点数，聚合的结果可能并非总是完全符合预期。例如，可能发现SUM函数返回值为−1.42e−14，求和结果正好为0，出现这种情况的原因是数字以二进制格式存储，有时会以极高的精度级别舍入。

（4）布尔型（Boolean）

包含True或False值的字段，当结果未知时会出现未知值。例如，表达式7>Null会生成未知值，会自动转换为Null。

此外，Tableau中还有地理型，该类型的字段可以根据需要将省市字段转换为具有经纬度坐标的字段，这是我们进行地图可视化分析的前提。

在日常工作中，Tableau可能会将字段标识为错误的数据类型。例如，可能会将包含日期的字段标识为整数而不是日期，可以在"数据源"页面上更改曾经作为原始数据源一部分的字段的数据类型。

在"数据源"页面单击"字段"的"字段类型"按钮Ξ，从下拉列表中选择一种新数据类型，如图1-13所示。

图1-13　"数据源"页面更改数据类型

如果使用数据提取，就要确保在创建数据提取之前已经进行所有必要的数据类型更改，否则数据可能不准确。例如，Tableau把原始数据源中的浮点字段解释为整数，生成的浮点字段部分精度会被截断。

如果要在"数据"窗格中更改字段的数据类型，就要单击"字段"的"字段类型"按钮 🗒，然后从下拉列表中选择一种新数据类型，如图1-14所示。

如果要在视图中更改字段的数据类型，则要在"数据"窗格中鼠标右键单击需要更改的字段，选择"更改数据类型"，然后选择适当的数据类型，如图1-15所示。

图1-14　"数据"窗格更改数据类型

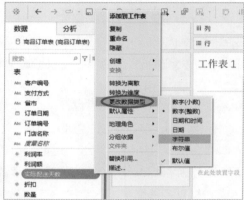

图1-15　在"数据"视图更改数据类型

此外，由于数据库中数据的精度比Tableau可以建模的精度高，因此将这些值添加到视图中时，状态栏右侧将显示一个精度警告对话框。

1.3.4　运算符及优先级

运算符用于执行程序代码运算，会针对一个以上操作数项目进行运算。例如，2+3的操作数是2和3，运算符是"+"。Tableau支持的运算符有算术运算符、逻辑运算符、比较运算符等。

（1）算术运算符

·+（加法）：此运算符应用于数字时表示相加；应用于字符串时表示串联；应用于日期时，可用于将天数与日期相加。例如，'abc'+'def'='abcdef'；#April 15,2022#+15=#April 30,2022#。

·-（减法）：此运算符应用于数字时表示减法；应用于表达式时表示求反；应用于日期时，可用于从日期中减去天数，还可用于计算两个日期之间的天数差异。例如，7-3=4；-(7+3)=-10；#April 15,2022#-#April 8,2022#=7。

·*（乘法）：此运算符表示数字乘法。例如，5*4=20。

·/（除法）：此运算符表示数字除法。例如，20/4=5。

·%（求余）：此运算符算数字余数。例如，5%4=1。

·^（乘方）：此符号等效于POWER函数，用于计算数字的指定次幂。例如，6^3=216。

（2）逻辑运算符

·AND：逻辑运算且，两侧必须使用表达式或布尔值。

例如，IIF(Profit=100 AND Sales=1000,"High","Low")，如果两个表达式都为TRUE，结果就为TRUE；如果任意一个表达式为UNKNOWN，结果就为UNKNOWN；其他情况结果都为FALSE。

·OR：逻辑运算或，两侧必须使用表达式或布尔值。

例如，IIF(Profit=100 OR Sales=1000,"High","Low")，如果任意一个表达式为TRUE，结果就为TRUE；如果两个表达式都为FALSE，结果就为FALSE；如果两个表达式都为UNKNOWN，结果就为UNKNOWN。

·NOT：逻辑运算符否，此运算符可用于对另一个布尔值或表达式求反。

例如，IIF(NOT(Sales=Profit),"Not Equal","Equal")，如果Sales等于Profit，那么结果为Equal，否则结果为Not Equal。

（3）比较运算符

Tableau有丰富的比较运算符，有 == 或 =(等于)、>(大于)、<(小于)、>=(大于或等于)、<= (小于或等于)、!=和<> (不等于)，用于比较两个数字、日期或字符串，并返回布尔值 (TRUE或FALSE)。

（4）运算符优先级

所有运算符都按特定顺序计算，如2*1+2等于4而不等于6，因为*运算符始终在+运算符之前计算。表1-1显示了计算运算符的顺序，第一行具有最高优先级，同一行中的运算符具有相同优先级，如果两个运算符具有相同优先级，则按照算式从左向右进行计算。

表1-1　运算符优先级

优先级	运算符	优先级	运算符
1	-（求反）	5	=、>、<、>=、<=、!=
2	^（乘方）	6	NOT
3	*、/、%	7	AND
4	+、-	8	OR

可以根据需要使用括号，括号中的运算符在计算时优先于括号外的运算符，从内部的括号开始向外计算，如(1+(2*2+1)*(3*6/3))=31。

1.3.5　Tableau 文件类型

数据可视化分析结束，我们可以使用多种不同的 Tableau 专用文件类型保存文件，主要有工作簿、打包工作簿、数据提取、数据源、打包数据源和书签等。

· 工作簿（.twb）：Tableau 工作簿文件具有 .twb 文件扩展名，工作簿中含有一个或多个工作表，有零个或多个仪表板和故事。

· 打包工作簿（.twbx）：Tableau 打包工作簿具有 .twbx 文件扩展名。打包工作簿是一个 zip 文件，包含一个工作簿以及任何提供支持的本地文件数据源和背景图像，适合与不能访问该数据的其他人共享。

· 数据提取（.hyper 或 .tde）：根据创建数据提取时使用的版本，Tableau 数据提取文件可能具有 .hyper 或 .tde 文件扩展名。提取文件是部分或整个数据源的一个本地副本，可用于共享数据、脱机工作和提高数据库性能。

· 数据源（.tds）：Tableau 数据源文件具有 .tds 文件扩展名，是连接经常使用的数据源的快捷方式，不包含实际数据，只包含连接到数据源所必需的信息和在"数据"窗格中所做的修改。

· 打包数据源（.tdsx）：Tableau 打包数据源文件具有 .tdsx 文件扩展名，是一个 zip 文件，包含数据源文件（.tds）和本地文件数据源，可使用此格式创建一个文件，以便与不能访问该数据的其他人共享。

· 书签（.tbm）：Tableau 书签文件具有 .tbm 文件扩展名，书签包含单个工作表，是快速分享所做工作的简便方式。

1.3.6　语言和区域设置

Tableau Desktop已有多种语言版本，首次运行Tableau时，可识别计算机区域设置并使用支持的语言。如果使用的是不支持的语言，应用程序就默认为英语。

可通过依次点击Tableau开始页面上的【帮助】|【选择语言】选项，配置Tableau的用户界面语言，注意更改语言设置后，需要重新启动应用程序才能生效。

如果要配置日期和数字格式，选择【文件】|【工作簿区域设置】。默认情况下，区域设置为"自动"，这意味着区域设置将与打开工作簿时的区域设置一致。如果制作以多种语言显示的工作簿，并希望日期和数字进行相应更新，此功能就十分有用。

1.4　Tableau 工作区

Tableau工作区包含菜单、工具栏、"数据"窗格、卡和功能区，以及一个或多个工作表。表可以是工作表、仪表板或故事，工作表包含功能区和卡，可以拖入字段构建视图。

1.4.1　"数据"窗格

数据字段显示在工作区左侧的"数据"窗格中，可以在"数据"窗格与"分析"窗格之间进行切换，如图1-16所示。

图1-16　"数据"窗格

在数据源下方列出了当前所选的数据源中可用的字段。在文本框中键入关键字，例如输入"客户"，可以在"数据"窗格中搜索与客户相关的字段，如图1-17所示。

此外，点击"数据"窗格顶部的"查看数据"图标可查看基础数据，如

图1-17 在"数据"窗格搜索字段

图1-18所示。

1.4.2 "分析"窗格

可以从工作区左侧显示的"分析"窗格中，将常量线、平均线、含四分位点的中值、盒形图和合计等拖入视图。通过顶部的选项卡，可以在"数据"窗格与"分析"窗格之间进行切换，如图1-19所示。

图1-18 查看基础数据

图1-19 "分析"窗格

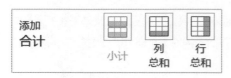

图1-20 在"分析"窗格中添加项

如果需要从"分析"窗格中添加项，就将该项拖入视图。从"分析"窗格中拖动项时，Tableau会在视图左上方的放置目标区域中显示该项可能的目标，例如拖动"合计"选项，将该项放在此区域中的适当位置，如图1-20所示。

1.4.3 工具栏

Tableau的工具栏包含"连接到数

据""新建工作表"和"保存"等命令，还包含"排序""分组"和"突出显示"等分析和导航工具。通过选择【窗口】|【显示工具栏】可隐藏或显示工具栏。

工具栏有助于快速访问常用工具和操作，表1-2说明了每个工具栏按钮的功能。

表1-2　工具栏按钮及功能说明

按钮	说明
❋	Tableau图标。点击图标导航到Tableau开始页面
←	撤销。反转工作簿中的最新操作，可以无限次撤销
→	重做。重复使用"撤销"按钮撤销的最后一个操作，可以重做无限次
↺ ▾	重播动画。重新播放视图中的动画
💾	保存。保存对工作簿所做的更改
🗄	新建数据源。打开"连接"窗格，可以创建新连接，或者从存储库中打开已保存的连接
🗄 ▾	暂停自动更新。控制更改后是否自动更新视图，使用下拉列表自动更新工作表或筛选器
⟳ ▾	运行更新。运行手动数据查询，以便在关闭自动更新后用所做的更改对视图进行更新
📊 ▾	新建工作表。新建空白工作表，使用下拉菜单可创建新工作表、仪表板或故事
📊	复制工作表。创建含有与当前工作表完全相同的视图的新工作表
📊 ▾	清除当前工作表。使用下拉菜单清除视图的特定部分，如筛选器、格式设置等
⇄	交换。交换"行"和"列"功能区的字段
↓⊟	升序排序。根据视图中的度量，以所选字段的升序来应用排序
↓⊟	降序排序。根据视图中的度量，以所选字段的降序来应用排序
✎ ▾	突出显示。启用所选工作表的突出显示，使用下拉菜单中的选项定义突出显示值的方式
⬓ ▾	组成员。通过合并所选值来创建组，选择多个维度时是对特定维度进行分组
T	显示标记标签。在显示和隐藏当前工作表的标记标签之间切换
⚲	固定轴。在仅显示特定范围的锁定轴和基于视图中的最值调整范围的动态轴之间切换
标准 ▾	适合。指定在窗口中调整视图大小的方式，分标准、适合宽度、适合高度和整个视图
📊 ▾	显示/隐藏卡。显示和隐藏工作表中的特定卡，在下拉菜单选择要隐藏或显示的每个卡

19

按钮	说明
	演示模式。在显示和隐藏视图（即功能区、工具栏、"数据"窗格）之外的内容之间切换
ⅽ°₀	与其他人共享工作簿。将工作簿上传到Tableau Server或者Tableau Cloud
	数据指南。提供有关工作表、工作簿，及其背后数据的有用信息，包括检测到的异常值等
⊟ 智能推荐	智能推荐。显示查看数据的替代方法，可用视图类型取决于视图中已有的字段

1.4.4　状态栏

状态栏位于Tableau工作区的左下角，它显示菜单项说明以及有关当前视图的信息，如状态栏显示该视图拥有27个标记、9行和3列，还显示所有标记的总计（利润）为410,556，如图1-21所示。

图1-21　Tableau状态栏

此外，可以通过选择【窗口】|【显示状态栏】隐藏状态栏，如图1-22所示。

1.4.5　卡和功能区

每个工作表都包含可显示或隐藏的各种不同的卡，卡是功能区、图例和其他控件的容器。例如，"标记"卡用于控制标记属性的位置，包含标记类型选择器和"颜色""大小""文本""详细信息""工具提示"控件，有时还会出现"形状"和"角度"等控件，可用控件取决于标记类型，如图1-23所示。

下面介绍工作表的卡及其内容。

·列功能区：可将字段拖放到此功能区以向视图添加列。

·行功能区：可将字段拖放到此功能区

图1-22　隐藏状态栏

图1-23　Tableau"标记"卡

以向视图添加行。

·页面功能区：可在此功能区基于某个维度的成员或某个度量的值将一个视图拆分为多个页面。

·筛选器功能区：使用此功能区可指定包括在视图中的值。

·度量值功能区：使用此功能区在一个轴上融合多个度量，仅当在视图中有混合轴时才可用。

·颜色图例：包含视图中颜色的图例，仅当"颜色"上至少有一个字段时才可用。

·形状图例：包含视图中形状的图例，仅当"形状"上至少有一个字段时才可用。

·尺寸图例：包含视图中标记大小的图例，仅当"大小"上至少有一个字段时才可用。

·地图图例：包含地图上的符号和模式的图例。不是所有地图提供程序都可使用地图图例。

·筛选器：一个单独的筛选器卡可用于每个应用于视图的筛选器，可以轻松在视图中包含和排除值。

·参数：一个单独的参数卡可用于工作簿中的每个参数。参数卡包含用于更改参数值的控件。

·标题：包含视图的标题。双击此卡可修改标题。

·说明：包含描述该视图的一段说明。双击此卡可修改说明。

·摘要：包含视图中每个度量的摘要，包括最小值、最大值、中值、总计值和平均值。

·当前页面：包含"页面"功能区的播放控件，并指示显示的当前页面，仅当在"页面"功能区上至少有一个字段时才出现此卡。

·标记：控制视图中的标记属性，存在一个标记类型选择器，可以在其中指定标记类型（如条、线、区域等）。此外，"标记"卡还包含"颜色""大小""标签""文本""详细信息""工具提示""形状""路径"和"角度"等控件，这些控件的可用性取决于视图中的字段和标记类型。

每个卡都有一个菜单，其中包含适用于该卡内容的常见控件，如可以使用卡菜单清除功能区和全选，通过点击卡右上角的箭头访问卡的菜单，如图1-24所示。

图1-24　卡的菜单

1.5　如何学习 Tableau

1.5.1　软件帮助文档

　　在Tableau软件中，如果读者有充足的时间，可以打开Tableau软件的帮助文档，系统地学习其软件功能，这是Tableau最好的免费教学资料。点击帮助菜单下的"打开帮助"按钮，即可进入软件帮助文档，如图1-25所示。

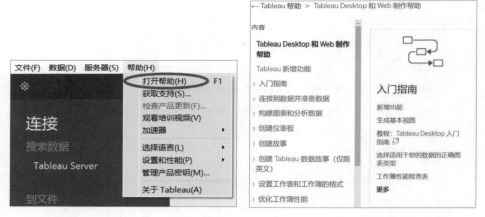

图1-25　Tableau 帮助

　　帮助文档从入门指南、连接并准备数据开始，到介绍如何在Web上使用Tableau，点击相应的链接可以查看相应的内容，如图1-26所示。

　　学习Tableau的重点是如何构建可视化项、浏览和查找见解，以及如何分析纷繁复杂的数据，帮助文档中也有详细的说明，如图1-27所示。

　　在Tableau中，对于地理数据可以使用地图进行展现，可以通过仪表板和故事等呈现可视化图表，并且Tableau有一套完备的视图发布、共享和协作机制，

入门指南

新增功能

生成基本视图

教程：Tableau Desktop 入门指南

选择适用于您的数据的正确图表类型

工作簿性能检查表

更多

连接并准备数据

连接到数据

计划您的数据源

使用数据的提示

关联您的数据

在"数据"窗格中自定义字段

更多

在 Web 上使用 Tableau

在 Web 上制作与在 Desktop 上制作

Web 制作入门指南

浏览 Tableau 站点

发送数据驱动的通知

使用自定义视图

更多

图 1-26　Tableau 入门基础

构建可视化项

从头开始构建视图

在"数据"窗格中自定义数据字段

添加视觉细节

使用动作添加交互功能

更多

浏览和查找见解

在视图中浏览和检查数据

使用"数据问答"（Ask Data）功能自动生成视图

使用"数据解释"功能检查视图

查看基础数据

更多

分析数据

使用计算创建自定义字段

使用函数

发现趋势

使用表计算转换值

更多

图 1-27　Tableau 构建视图

具体操作说明如图1-28所示。

地图和地理数据

地图入门指南

构建简单地图

地图概念

自定义地图外观

更多

呈现仪表板和故事

设置工作内容的格式

创建仪表板

可视化最佳做法

创建故事

更多

发布、共享和协作

发布数据源和工作簿

保存和导出

共享 Web 视图

数据驱动型通知

更多

图 1-28　可视化呈现与共享

1.5.2　Tableau 社区

在Tableau学习过程中，我们可以通过加入软件论坛来解答疑惑，这既可以有助于我们将数据技能提升到新的高度，还可以建立强大的信息交流群体。Tableau社区聚集着大胆思考、善于解决问题、能够激发灵感的数据分析师，是数据达人可以真正发光发热的地方，如图1-29所示。

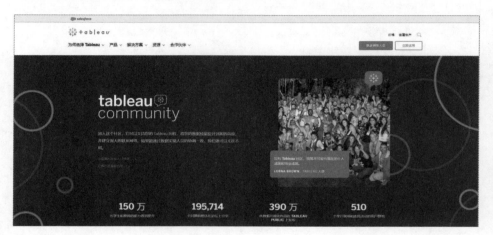

图 1-29　Tableau 社区

学习过程中，业内技术大牛的博客是不容忽视的，它对我们的成长有巨大的促进作用。在Tableau社区页面的下方，列举了一些特别推荐的博客，如图1-30所示。

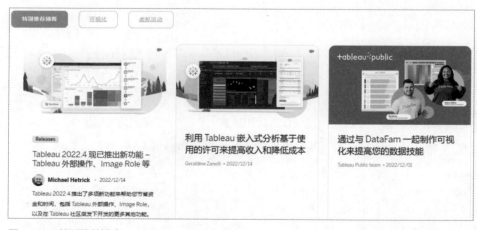

图 1-30　特别推荐博客

在"可视化"页面，展示 Tableau 社区成员分享的可视化作品，点击"了解更多"链接，可以查看更多的可视化作品，如图 1-31 所示。

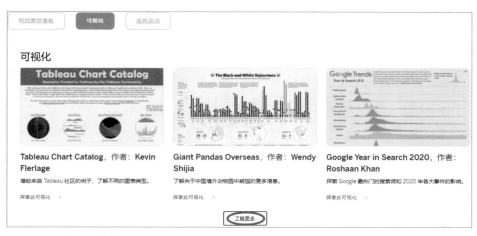

图 1-31　"了解更多"

例如我们这里选择一个关于世界粮食价格走势的可视化作品。进入作品页面后，可以查看仪表板的各种内容，还可以收藏、共享和下载，如图 1-32 所示。

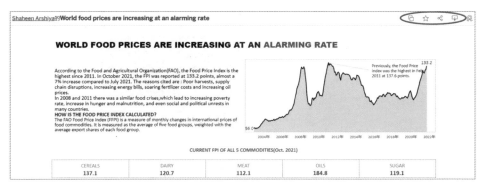

图 1-32　收藏、共享和下载

1.5.3　其他学习途径

除了 Tableau 提供的软件帮助文档和软件论坛外，还可以通过教学视频等方式。友好的视频教学互动环境，为学生提供了丰富多样的人机互动学习工具，让我们可以根据自己的兴趣和基础来选择学习内容，而不用预先安排。

Tableau软件自带了丰富的教学视频，我们可以点击"帮助"菜单下的"观看培训视频"按钮，转到如图1-33所示的视频教程页面。

Creator

您是否要进行深层次数据准备和分析？您是否在负责为其他人创建内容？了解如何准备、分析和共享您的数据。

⊙	9个视频 基础入门		20 分钟
⊙	2个视频 Tableau Prep		10 分钟
⊙	1个视频 连接到数据		17 分钟
⊙	1个视频 绘制地图		3 分钟
⊙	1个视频 计算		3 分钟

Explorer

您是否可以访问同 Tableau Server 或 Tableau Cloud 来处理数据？如果您可以访问同已发布的数据源，并且可以创建或修改内容，那么这些视频正适合您在 Web 上处理您的数据。

图 1-33　视频教程页面

例如：单击"基础入门"选项后，可以看到9个基础入门的视频，包括基础入门、Tableau Cloud、连接到数据、工作区等。这里点击"连接到数据"链接，然后进入视频观看页面，在这之前需要确保已经有Tableau试用账号，如图1-34所示。

图 1-34　视频观看页面

2

Tableau
连接数据源

▼

在创建数据视图进行可视化分析之前，首先需要将Tableau
连接到数据源。本章将介绍Tableau Desktop支持连接的主要数
据源，例如，存储在Excel表格或文本文件中的数据、存储在企
业服务器中的数据，包括关系型和非关系型数据库等。

扫码观看本章视频

2.1 本地离线数据

Tableau Desktop支持连接各种数据文件，如Microsoft Excel文件、文本文件、JSON文件等。

2.1.1 Microsoft Excel

Microsoft Excel是微软办公软件的一个重要组成部分，可以进行各种数据处理、统计分析和辅助决策等，广泛应用于管理、统计、金融等领域。

在Tableau的开始页面的"连接"下面，单击"Microsoft Excel"选项，如图2-1所示。然后选择要连接的"商品销售表.xlsx"工作簿，单击"打开"按钮，如图2-2所示。

图 2-1　连接 Microsoft Excel

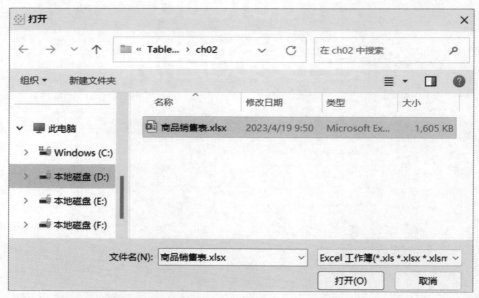

图 2-2　选择要连接的 Excel 文件

连接成功后，Tableau会检测Excel工作簿中的所有表和包含的某些无关信息，提示"使用数据解释器"，清理Excel工作簿中的数据，如图2-3所示。

28

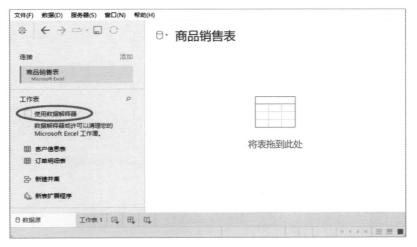

图 2-3 "使用数据解释器"

"商品销售表.xlsx"数据中包括"订单明细表"和"客户信息表"2张表，如果需要打开"订单明细表"，可以将其拖放到右侧上方指定位置（即画布）即可，如图2-4所示。

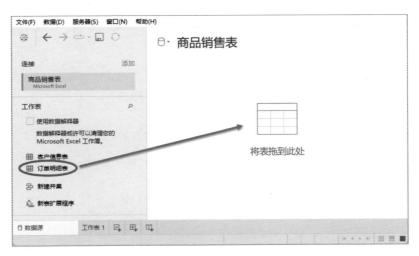

图 2-4 拖动"订单明细表"

2.1.2 文本文件

文本文件是指以ASCII码方式（文本方式）存储的文件。更确切地说，英文、数字等字符存储的是ASCII码，而汉字存储的是机内码，通常在文本文件最后一行后放置文件的结束标志。

　　在"连接"下面，单击"文本文件"选项，如图2-5所示。然后选择要连接的文本文件，如图2-6所示。

图2-5　单击"文本文
　　　　件"选项

图2-6　选择要连接的文本文件

　　选择"文化及相关产业企业营业收入.csv"，单击"打开"按钮。Tableau默认自动生成字段名称，由于我们的文本文件中已经有每个字段的名称，因此需要设置"字段名称位于第一行中"，如图2-7所示。

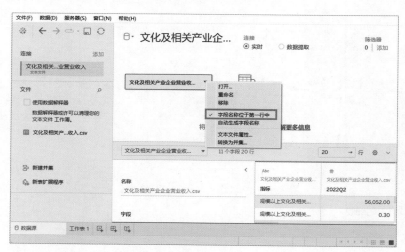

图2-7　设置"字段名称位于第一行中"

　　在页面右下方可以查看导入后的效果，如果Tableau默认的字段分隔符等不正确，可以单击"文本文件属性"选项进行重新设置，包括字段分隔符、文本

限定符、字符集、区域设置，如图2-8
所示。

2.1.3 JSON 文件

JSON是一种轻量级的数据交换格
式，适合服务器与JavaScript的交互，

图 2-8　设置文本文件属性

具有读写更加容易、易于机器的解析和生成、支持Java等多种语言的特点。

在"连接"下面单击"JSON文件"选项，如图2-9所示。然后，选择要连
接的"客服中心话务员个人信息表.json"文件，如图2-10所示。

图 2-9　"JSON文件"
选项

图 2-10　选择要连接的 JSON 文件

单击"打开"按钮后，会弹出"选择架构级别"对话框，确定用于分析的维
度和度量，如图2-11所示。

如果架构没有错误，单击"确定"按钮，即可完成"客服中心话务员个人信
息表.json"数据文件的导入；如果要修改数据文件的架构级别，可以点击"选
择架构级别"选项，如图2-12所示。

2.1.4 Microsoft Access

Microsoft Access是微软把数据库引擎的图形用户界面和软件开发工具结合在
一起的数据库管理系统。Access是微软Office的成员，在包括专业版和更高版本
的Office版本里被单独出售，最大的优点是易学，非计算机专业的人员也能学会。

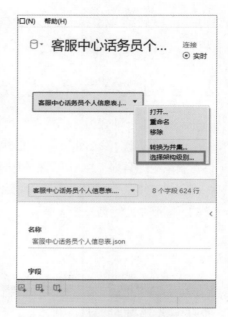

图 2-11　"选择架构级别"对话框　　　　图 2-12　修改架构级别

　　在开始页面的"到文件"下点击"Microsoft Access"选项，如图2-13所示。如果Access文件受密码保护，就选择"数据库密码"，然后输入密码。如果Access文件受工作组安全性保护，就选择"工作组安全性"，然后在对应文本字段中输入工作组文件、用户和密码等，如图2-14所示。

图 2-13　"Microsoft
　　　　　Access"选项

图 2-14　连接 Access 文件服务器

32

通过文件名后的"浏览"按钮选择要连接的 Access 文件，然后点击"确定"按钮，例如"全国汽车拥有量.accdb"，如图 2-15 所示。

图 2-15　选择要连接的 Access 文件

点击"打开"按钮，可以看到 3 张全国汽车统计的数据表，我们选择"私人汽车拥有量"数据表，如图 2-16 所示。

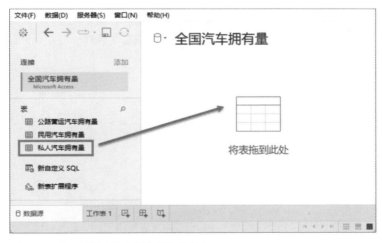

图 2-16　打开"私人汽车拥有量"数据表

2.1.5　统计文件

统计文件是指 SAS、SPSS 和 R 等统计分析软件导出的数据文件。Tableau

图 2-17　"统计文件"选项

对各类统计文件具有很好的兼容性，可以直接导入 SAS（*.sas7bdat）、SPSS（*.sav）和 R（*.rdata、*.rda）等类型的数据文件。

在开始页面的"连接"下面单击"统计文件"选项，如图2-17所示。我们这里要导入SPSS格式的数据文件，选择"电信客户信息表.sav"文件，如图2-18所示。

然后单击"打开"按钮，"电信客户信息表.sav"文件中的数据就导入到Tableau中，如图2-19所示。

图 2-18　选择要连接的 sav 文件

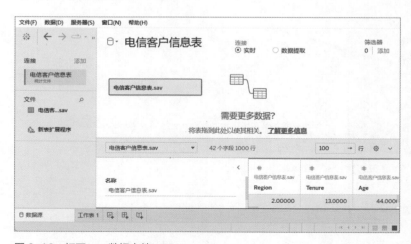

图 2-19　打开 sav 数据文件

2.2 关系型数据库

2.2.1 SQL Server

SQL Server 是 Microsoft 公司推出的关系型数据库管理系统，具有使用方便、可伸缩性好、与相关软件集成程度高等优点。

在开始页面的"连接"下面，单击"Microsoft SQL Server"选项，然后输入要连接的服务器的地址，选择服务器的登录方式是使用 Windows 身份验证，还是使用特定用户名和密码，如图 2-20 所示。

Microsoft SQL Server

服务器(V): 192.168.93.207

数据库(D): 可选

输入数据库登录信息：

○ 使用 Windows 身份验证(首选)(W)

⦿ 使用特定用户名和密码(E)：

用户名(U): sa

密码(P): ●●●●●●●●

☐ 需要 SSL(L)

☐ 读取未提交的数据(T)

初始 SQL(I)...

登录

图 2-20　连接 SQL Server 服务器

指定是否"读取未提交的数据"，此选项将数据库隔离级别设置为"读取未提交的内容"。Tableau 执行的长时间查询可能会锁定数据库，选择此选项以允许查询读取已被其他交易修改的行，即使这些行还没有提交也可读取。如果不选择此选项，则 Tableau 使用数据库指定的默认隔离级别。

如果连接不成功，就要验证用户名和密码是否正确。如果连接仍然失败，就说明计算机在定位服务器时遇到问题，需要联系网络管理员或数据库管理员进行处理。

单击"登录"按钮后，选择需要登录的数据库和表，这里我们选择"sales"数据库下的"orders"表，将其拖放到右侧画布区域，如图 2-21 所示。

2.2.2 MySQL

MySQL 是一种典型的关系型数据库管理系统，开源免费。关系型数据库将数据保存在不同的表中，而不是将数据放在一个大仓库内，这样可以增加速

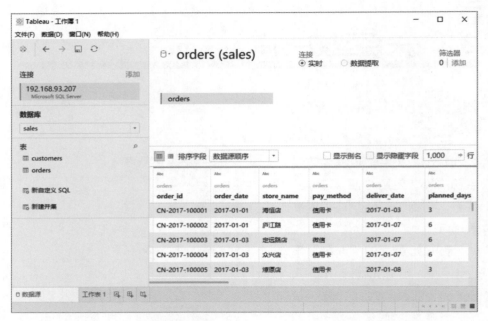

图 2-21　选择 SQL Server 数据库和表

度并提高灵活性。MySQL 所使用的 SQL 语言是用于访问数据库的最常用的标准化语言。

MySQL 软件采用双授权政策，分为社区版和商业版。在连接到 MySQL 数据库之前，首先需要到 MySQL 数据库的官方网站下载对应版本的 Connector ODBC 驱动程序，然后进行安装，安装过程比较简单，参数配置基本默认即可。

图 2-22　连接 MySQL 服务器

在开始页面的"连接"下面，单击"MySQL"选项，然后执行以下操作：输入数据库的服务器地址、用户名和密码等，单击"登录"按钮，如图 2-22 所示。

在连接到 SSL 服务器时，需要选择"需要 SSL"。如果连接不成功，就要验证用户名和密码是否正确。如果连接仍然失败，需要联系网络管理员或数据库管理员进行处理。

成功登录服务器后，选择需要登录的数据库，这里我们选择"sales"数据库，再将数据库中的"customers"拖放到右侧画布区域，如图 2-23 所示。

36

图 2-23　选择 MySQL 数据库和表

2.2.3　Oracle

Oracle Database简称Oracle，是甲骨文公司的一款关系数据库管理系统，在数据库领域一直处于领先地位，系统可移植性好、使用方便、功能强，适用于各类大、中、小、微机环境，是一种高效率、可靠性好的适应高吞吐量的数据库。

在连接到Oracle数据库之前，首先需要到Tableau的官方网站下载对应版本的驱动程序，然后进行安装，安装过程比较简单，参数配置基本默认即可。

图 2-24　连接 Oracle 服务器

在开始页面的"连接"下面，单击"Oracle"选项，输入服务器地址、服务名称和端口等，然后选择登录到服务器的方式，指定使用集成身份验证还是使用特定用户名和密码，如图2-24所示。

单击"登录"按钮后，如果连接不成功，就要验证用户名和密码是否正确。如果连接仍然失败，需要联系网络管理员或数据库管理员进行处理。

成功登录服务器后，选择需要登录的架构。这里我们选择"SCOTT"架构，再选择数据库中的"orders"表，将其拖放到右侧画布区域，如图2-25所示。

图2-25　选择Oracle数据库和表

2.3　大数据集群

本部分将介绍Tableau在大数据技术中的应用，包括连接到Hadoop Hive、连接到Apache Spark、Tableau大数据引擎优化等，详细介绍了Tableau如何在大数据环境下进行可视化的方法及条件。

2.3.1　连接Cloudera

在集群中，对所有Hive原数据和分区的访问都要通过Hive Metastore，启动远程元存储（Metastore）后，Hive客户端连接Metastore服务，从而可以从数据库查询到原数据信息。

下面启动大数据集群和Hive的相关进程，主要步骤如下：

① 启动Hadoop：

/home/dong/hadoop-2.5.2/sbin/start-all.sh

② 后台运行Hive：

nohup hive --service metastore > metastore.log 2>&1 &

③ 启动Hive的hiveserver2：

hive --service hiveserver2 &

④ 查看启动的进程，输入jps，确认已经启动了6个进程，如图2-26所示。

在连接Cloudera Hadoop集群前，需要确保已经安装了对应的驱动程序。按照以下步骤安装驱动，首先到Cloudera的官方网站下载对应的驱动，单击Hive的下载链接，如图2-27所示。

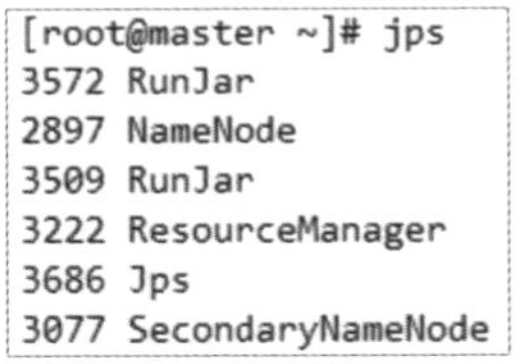

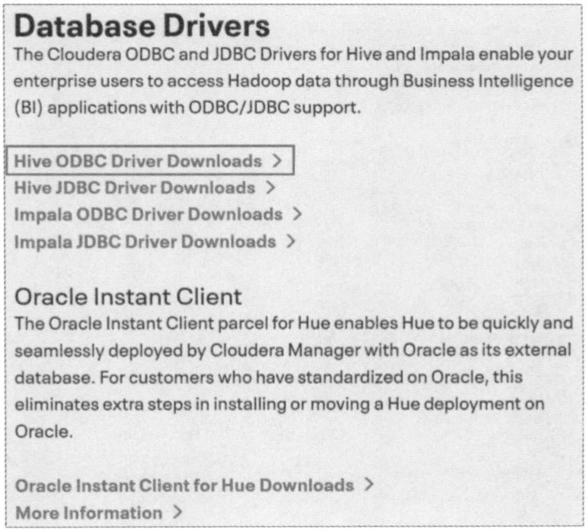

Database Drivers

The Cloudera ODBC and JDBC Drivers for Hive and Impala enable your enterprise users to access Hadoop data through Business Intelligence (BI) applications with ODBC/JDBC support.

Hive ODBC Driver Downloads >
Hive JDBC Driver Downloads >
Impala ODBC Driver Downloads >
Impala JDBC Driver Downloads >

Oracle Instant Client

The Oracle Instant Client parcel for Hue enables Hue to be quickly and seamlessly deployed by Cloudera Manager with Oracle as its external database. For customers who have standardized on Oracle, this eliminates extra steps in installing or moving a Hue deployment on Oracle.

Oracle Instant Client for Hue Downloads >
More Information >

```
[root@master ~]# jps
3572 RunJar
2897 NameNode
3509 RunJar
3222 ResourceManager
3686 Jps
3077 SecondaryNameNode
```

图2-26　查看启动的进程　图2-27　下载 Cloudera Hadoop Hive

双击下载的"Cloudera Hive ODBC 64.msi"驱动程序，然后勾选"I accept the terms in the License Agreement"复选框，单击"Next"按钮，如图2-28所示，安装过程比较简单，不再详细介绍。

安装完成后，需要确认驱动程序是否已经正常安装，在计算机"ODBC数据源管理程序（64位）"对话框中的"系统DSN"页面下，如果有"Sample Cloudera Hive DSN"，就说明安装过程没有问题，如图2-29所示。

图 2-28　运行安装程序图　　　　　　　　图 2-29　安装完成

　　下面将检查一下是否可以正常连接 Cloudera Hive 集群，前提是连接前需要正常启动集群，单击"Test"按钮，如果测试结果出现"SUCCESS!"，说明可以正常连接，如图 2-30 所示。

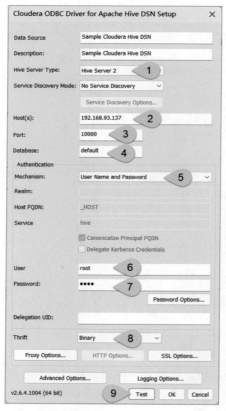

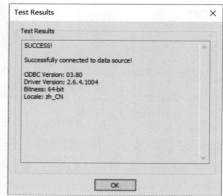

图 2-30　测试连接

40

当测试成功后，我们就可以在Tableau中连接Cloudera Hive集群了，否则需要检测失败的原因，并重新进行连接，这一过程对于初学者来说有一定的难度，建议咨询企业大数据平台的相关技术人员。下面将具体介绍连接过程。

在开始页面的"连接"下单击Cloudera Hadoop，然后执行以下操作。

在界面中需要输入服务器的IP地址，以及服务器登录信息，包括类型、身份验证、传输、用户名和密码等，如图2-31所示。

然后点击"登录"按钮，如果出现如图2-32所示的界面，说明连接成功，否则检查前面的参数设置是否有问题。

图 2-31　连接到 Cloudera Hadoop

图 2-32　连接成功到数据源

在架构下拉框中，架构与关系型数据库中的具体数据库名称类似，选择合适的架构查找方式，有精确、包含、开头为三种，这里我们使用精确方式，输入"student"后，点击右侧的搜索按钮，如图2-33所示。在正下方会出现"student"，如图2-34所示。

图 2-33　搜索架构　　　　　　　图 2-34　搜索架构的结果

　　双击下方的"student"后，进入具体数据表的选择界面，如图 2-35 所示，然后输入需要进行可视化的表名称，例如输入"scores"表，再点击搜索按钮，如图 2-36 所示。

　　点击下方的"scores (student.scores) (student)"表，说明 scores 表已经正常导入 Tableau 中，后续就是进入具体的可视化分析过程。

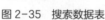

图 2-35　搜索数据表　　　　　　图 2-36　搜索数据表的结果

2.3.2　连接 Apache Spark

　　首先需要在计算机上下载和安装 SparkSQL 的 ODBC 驱动程序，可以在微软的官方网站下载。由于这里的安装环境是 64 位的 Windows 11，因此需要选择 64 位的"SparkODBC64.msi"，如图 2-37 所示。下载完成后，双击驱动程序的安装文件进入安装过程，选择默认的选项即可，这里不再详细介绍。

　　接下来启动大数据集群和 Spark 的相关进程，主要步骤如下：

　　① 启动 Hadoop：

```
/home/dong/hadoop-2.5.2/sbin/start-all.sh
```

图 2-37　选择合适的下载文件

② 启动 Spark：

/home/dong/spark-1.4.0-bin-hadoop2.4/sbin/start-all.sh

③ 后台运行 Hive：

nohup hive --service metastore > metastore.log 2>&1 &

④ 启动 Spark 的 ThriftServer：

/home/dong/spark-1.4.0-bin-hadoop2.4/sbin/start-thriftserver.sh

⑤ 查看启动的进程，在集群中的 Linux 系统中输入 jps，确认已经启动了如图 2-38 所示 7 个进程。

下面配置 SparkODBC，在电脑【控制面板】|【管理工具】|【ODBC 数据源管理程序（64 位）】下，如果出现"Sample Microsoft Spark DSN"就说明正常安装，然后单击"添加"按钮，打开如图 2-39 所示的界面，单击"完成"按钮。

```
[root@master ~]# jps
6192 SparkSubmit
2897 NameNode
6035 Master
3509 RunJar
3222 ResourceManager
6257 Jps
3077 SecondaryNameNode
```

图 2-38　查看启动的进程

在驱动程序的配置界面，输入服务器 IP、端口号、账号和密码等，如果集群没有启动 SSL 服务，那么需要单击"SSL Options"按钮，取消选择"Enable

图 2-39　添加驱动程序

43

SSL"复选框,如图2-40所示。根据集群的实际配置,连接方式会有所不同,这里选择"Binary",还可以单击"Test"按钮测试连接是否成功。

最后,我们就可以使用Tableau Desktop连接Spark集群中student库中的students表,具体效果如图2-41所示,后续就是进入具体的可视化分析过程。

图 2-40 驱动程序设置界面

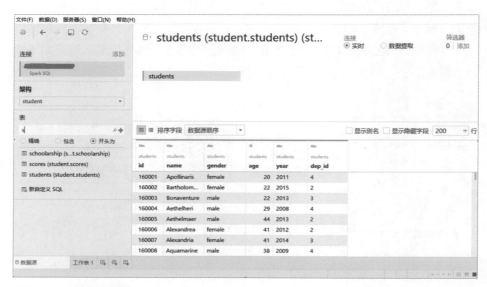

图 2-41 成功连接数据源

2.4　其他数据源

　　Tableau还可以连接更多服务器，包括传统的数据仓库软件（如IBM Netezza、Teradata等），也包括目前比较热门的Hadoop大数据相关软件（如Cloudera Hadoop、MapR Hadoop Hive和Spark SQL等），我们会在后续章节中进行介绍。

　　Tableau Desktop连接的所有数据库类型，可以在开始页面单击【连接】|【到服务器】，再单击"更多…"选项进行查看，如图2-42所示。

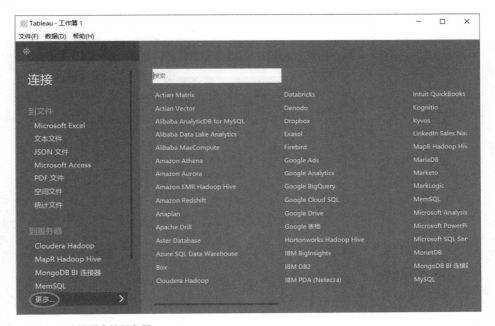

图2-42　连接更多的服务器

3

Tableau
操作入门

▼

       Tableau 连接新数据源时会将该数据源中的每个字段分配给
"数据"窗格中的"维度"或"度量",如果是分类等文本类型数
据,会将其分配给"维度",如果包含数值数据,就会将其分配给
"度量"。本章将介绍 Tableau 的基础操作包括工作区重要操作、
维度和度量及其操作、连续和离散及其操作、数据及视图的导出
等内容。

扫码观看本章视频

3.1 工作区重要操作

3.1.1 功能区和标记

Tableau 中的每个工作表都包含功能区和卡。例如，"标记"卡用于控制标记属性的位置，包含"颜色""大小""文本""详细信息""工具提示"控件。此外，根据分析的具体视图需要，有时还会出现"形状"和"角度"等控件，如图3-1所示。

图 3-1 Tableau 功能区和卡

⭕ （1）功能区

功能区是根据软件的使用功能而划分的区域，主要包括列功能区、行功能区、页面功能区、筛选器功能区和度量值功能区等，下面逐一进行说明。

· 列功能区：可将字段拖放到此功能区以向视图添加列。

· 行功能区：可将字段拖放到此功能区以向视图添加行。

· 页面功能区：可在此功能区基于某个维度的成员或某个度量的值将视图拆分为多个页面。

· 筛选器功能区：使用此功能区可指定包括在视图中的值。

· 标记功能区：控制视图中的标记属性，可以在其中指定标记类型，如条、线、区域等，如图3-2所示。此外，"标记"卡包含"颜色""大小""标签""文本""详细信息""工具提示""形状""路径"和"角度"等控件。

图 3-2　标记类型

（2）卡

卡是功能区、图例和其他控件的容器，每个工作表都包含各种不同的卡，下面逐一进行说明。

·颜色图例：包含视图中颜色的图例，仅当"颜色"上至少有一个字段时才可用，如图3-3所示。

·形状图例：包含视图中形状的图例，仅当"形状"上至少有一个字段时才可用。

·尺寸图例：包含视图中标记大小的图例，仅当"大小"上至少有一个字段时才可用。

·地图图例：包含地图上的符号和模式的图例。不是所有地图提供程序都可使用地图图例。

·筛选器：应用于视图的筛选器，可以轻松地在视图中包含和排除数值。

·参数：包含用于更改参数值的控件。

·标题：包含视图的标题。双击此卡可修改标题。

·说明：包含描述该视图的一段说明，双击此卡可修改说明。

·摘要：包含视图中每个度量的摘要，包括最小值、最大值、中值和平均值等。

此外，每个卡都有一个菜单，其中包含适用于该卡的常见控件，可以使用卡菜单显示和隐藏卡，例如隐藏"颜色图例"卡，如图3-4所示。

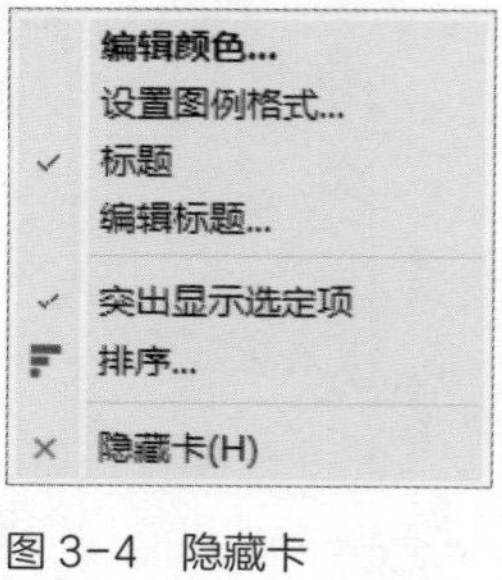

图 3-3　"颜色图例"卡

3.1.2　"数据"窗格操作

工作区左侧的"数据"窗格显示数据源中的已有字段、创建的新字段和参数等，在可视化分析过程中，需要将"数据"窗格中的相关字段拖放到功能

图 3-4　隐藏卡

区，如图3-5所示。

图3-5 "数据"窗格

"数据"窗格分为以下4个区域。

① 维度：包含诸如文本和日期等类别数据的字段。

② 度量：包含可以聚合的数值字段。

③ 集：定义的数据子集。

④ 参数：可替换计算字段和"筛选器"中常量值的动态占位符。

单击"维度"右侧的"搜索"按钮 🔍，然后在文本框中输入关键词，例如"日期"，就可以在"数据"窗格中模糊搜索包含"日期"的所有字段，如图3-6所示。

图3-6 搜索字段

点击右侧的"筛选"按钮 ▽，可以选择"计算""维度""度量""注释"等筛选依据，如图3-7所示。

如果要查看基础数据，可以点击"数据"窗格顶部的"查看数据"按钮 ▦ 查看基础数据，如图3-8所示。

此外，还可以对字段进行一些其他的操作，例如创建计算字段、创建参数、按文件夹分组、按数据源表分组等，如图3-9所示。

图3-7 筛选字段

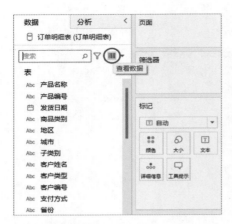

图 3-8　查看基础数据

图 3-9　其他操作选项

3.1.3　"分析"窗格操作

　　根据可视化视图的不同，可以从工作区左侧显示的"分析"窗格中将常量线、平均线、含四分位点的中值、盒须图（即箱形图）等拖入数据视图，如图 3-10 所示。

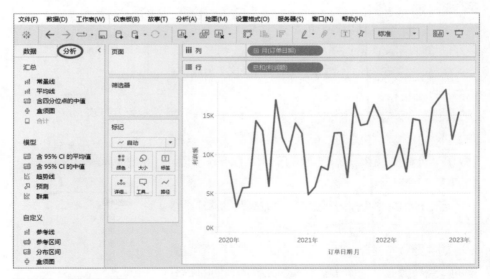

图 3-10　"分析"窗格

　　如果需要从"分析"窗格中添加某个项，就将该项拖入视图。从"分析"窗格中拖动项时，Tableau 会在视图左上方的目标区域显示该项可能的目标，例如添加平均线，即添加所有月份销售额平均值的直线，如图3-11所示。

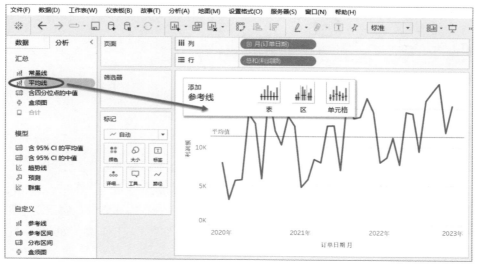

图3-11　在"分析"窗格中添加平均线

3.1.4　工作表及其操作

工作表是Tableau制作可视化视图的区域，在工作表中通过将字段拖放到功能区生成数据视图，这些工作表以标签的形式沿工作簿的底部显示。

○（1）创建工作表

我们可以选择以下任何一种方法创建一个新工作表。

方法1：在菜单栏，依次选择【工作表】|【新建工作表】，如图3-12所示。

方法2：单击工作簿底部的"新建工作表"标签，或者鼠标右击空白处，在弹出的下拉框中选择"新建工作表"选项，如图3-13所示。

方法3：单击工具栏上的"新建工作表"按钮，如图3-14所示。

方法4：通过用快捷键创建，同时按Ctrl+M组合键。

图3-12　菜单栏新建工作表

图 3-13　工作簿底部　　　图 3-14　工具栏新建
　　　　　新建工作表　　　　　　　　工作表

（2）复制工作表

通过复制工作表可以方便地得到工作表、仪表板或故事的副本，还可以在不丢失原始视图的情况下修改工作表。例如要复制"月度利润率"工作表，鼠标右键单击该工作表的标签，选择第二个"复制"选项，在工作簿底部将会自动出现与"月度利润率"工作表内容一样的"月度利润率(2)"工作表，如图3-15所示。

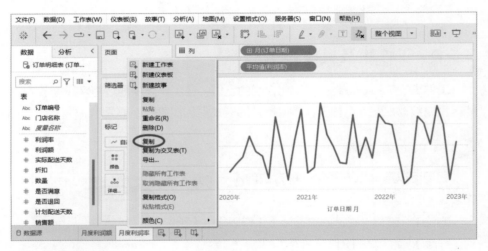

图 3-15　复制工作表

如果选择第一个"复制"选项，那么还需要鼠标右键单击"月度利润率"工作表的标签，选择"粘贴"，将会出现与"月度利润率"工作表内容一样的新工作表。这种情况适合在不同的Tableau界面中使用，而第二个"复制"选项适合在同一个Tableau界面。

交叉表是一个以文本行和列的形式汇总数据的表。如果要通过视图快速创建交叉表，右击"工作表1"的标签，并选择"复制为交叉表"。还可以在菜单栏

中选择【工作表】|【复制为交叉表】，如图3-16所示，此命令会向工作簿中插入一个新的数据交叉表。

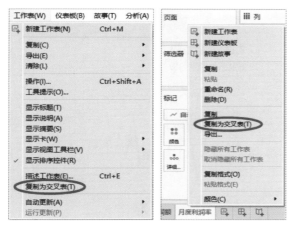

图3-16 复制为交叉表

○ （3）导出工作表

对于需要导出保存的工作表，右击该工作表标签，选择"导出..."选项，将会出现导出工作表的保存路径，文件格式是.twb，如图3-17所示。

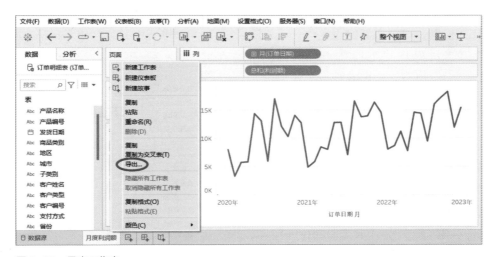

图3-17 导出工作表

○ （4）删除工作表

删除工作表会将工作表从工作簿中移除。如果要删除工作表，则右击工作簿底部的该工作表，并选择"删除"选项，如图3-18所示。注意，在仪表板或故事中使用的工作表无法删除，但可以隐藏，一个工作簿中至少要有一个工作表。

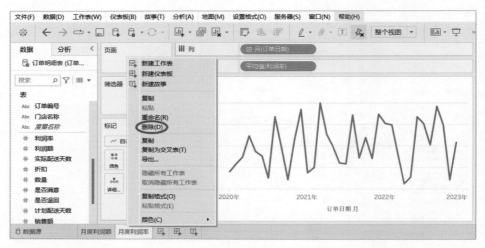

图 3-18　删除工作表

3.1.5　重新排列卡

　　每个工作表都包含各种卡、功能区和图例等。可以重新组织工作区，方法为重新排列卡、隐藏和显示工作区的特定部分，以及隐藏所有视图，演示模式的视图除外。

　　可以重新排列每个卡以创建自定义工作区，如果要移动卡，将光标指向想要移动的卡的标题区域，当光标变为移动时，单击该卡并将其拖放到新位置，在工作表中四处拖动卡时，一个黑色条形将突出显示该卡的可能位置，如图3-19所示。

　　通过选择"显示/隐藏卡"工具栏控件上的"重置卡"选项，可以将工作表窗口恢复到其默认状态，如图3-20所示。

图 3-19　移动卡的位置

显示和隐藏工作区的一部分，工作区中几乎所有部分都可以开启和关闭，可以避免工作表因不必要的卡、工作区等而变得杂乱。如果要显示和隐藏工具栏或状态栏，选择菜单栏中"窗口"选项，然后选择需要隐藏的内容，如图3-21所示。

如果要显示和隐藏左侧的窗口，即"数据"窗格，单击窗格右上角的"最小化"按钮，窗格会最小化到工作簿的左侧，再次单击相同按钮可还原窗格，如图3-22所示。

图 3-20 "重置卡"

图 3-21 显示和隐藏工
作区

图 3-22 显示和隐藏左
侧窗口

3.2 维度和度量及其操作

3.2.1 维度及其操作

维度就是指分类数据，例如城市名称、用户性别、商品名称等。

当第一次连接数据源时，Tableau 会将包含离散分类信息的字段（如字符串或日期字段）分配给"数据"窗格中的"维度"，当字段从"维度"区域拖放到行或列功能区时，Tableau将创建列或行标题，例如将"商品类别"拖放到行功能区时会出现3种商品类别，如图3-23所示。

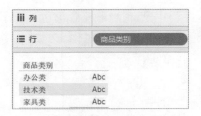

图3-23 出现3种商品类别

3.2.2 度量及其操作

度量就是指定量数据，例如客户的年龄、商品的销量额和利润额等。

当第一次连接数据源时，Tableau会将包含数值信息的字段分配给"数据"窗格中的"度量"，当将字段从"度量"区域拖放到行或列功能区时，Tableau将创建连续轴，并创建一个默认的数据展示样式，我们可以根据需要再进行修改，如图3-24所示。

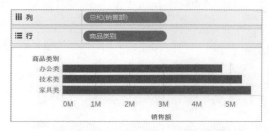

图3-24 创建连续轴和一个默认的数据展示样式

> **注意**
>
> Tableau会始终对"度量"类型的字段进行聚合，无论该字段为连续型还是离散型。

3.2.3 维度和度量的转换及案例

在Tableau中，根据数据可视化分析的需要，可以对维度或度量字段进行类型的相互转换。下面结合案例进行详细的介绍，例如对"数量"和"实际配送天数"字段进行类型转换。

⊙ （1）将"数据"窗格中的度量转换为维度

在"数据"窗格中可以将度量转换为维度，例如将商品的订单"实际配送天数"字段,从度量转换为维度,可以使用的方法如下所述。

方法1:选择该字段并将其从"数据"窗格的度量拖放到维度,如图3-25所示。

方法2:在"数据"窗格中右键单击该字段,选择"转换为维度"选项,如图3-26所示。

图3-25 拖放到维度区域

图3-26 "转换为维度"

○ (2)将可视化视图中的度量转换为离散维度

现在,我们需要了解商品在不同的实际配送天数情况下的订单量。由于"实际配送天数"字段是数值数据,当连接数据源时,Tableau会将其分配给"数据"窗格中的"度量",需要将其转换为维度,具体操作步骤如下所述。

步骤1:将"订单编号"拖放到行功能区,统计类型为"计数(不同)",将"实际配送天数"拖放到列功能区,Tableau将默认显示一个散点图,以总和形式聚合"实际配送天数"和订单量,如图3-27所示。

步骤2:如果要将"实际配送天数"视为维度,需要单击字段上的下拉箭头,并从菜单中选择"维度"选项,如图3-28所示。Tableau 将不会聚合"实际配送天数"字段,因此现在将看到一条线。但"实际配送天数"的值仍然是连续的,如图3-29所示。

再次单击"实际配送天数"并从菜单中选择"离散"选项,如图3-30所示。"实际配送天数"的转换现已完成,现在将在底部显示列标题(0、1、2等),

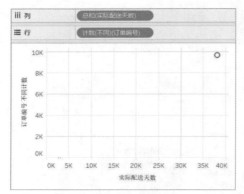

图 3-27　字段拖放到功能区

图 3-28　转换为维度

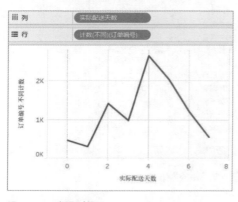

图 3-29　解聚字段

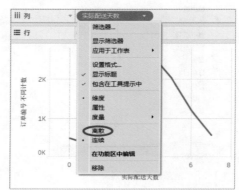

图 3-30　转换为离散

如图3-31所示。

　　步骤3：最后美化一下视图，添加"颜色""标签"控件、隐藏视图标题等，如图3-32所示。

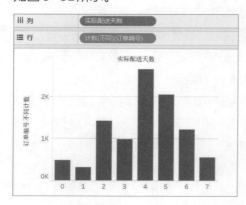

图 3-31　转换为离散

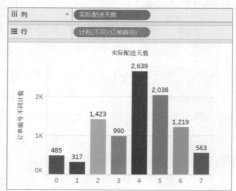

图 3-32　美化视图

58

3.3 连续和离散及其操作

3.3.1 连续及其操作

连续是指可以包含无限数量的值，例如商品的利润额可以是一个数字区间内的任何值。

如果字段包含可以加总、求平均值或其他方式聚合的数字，在第一次连接到数据源时，Tableau会假定这些值是连续的，并将该字段分配给"数据"窗格的"度量"。

当字段从"度量"区域拖放到行或列功能区时，显示一系列实际值，将连续字段放到行或列功能区后，Tableau会显示一个轴，这个轴是最小值和最大值之间的度量线，如将"利润额"拖放到列功能区上，如图3-33所示。

3.3.2 离散及其操作

离散是指包含有限数量的值，例如地区包含华东、华北和东北等6类。

如果某个字段包含的值是名称、日期或地理位置，Tableau会在第一次连接到数据源时将该字段分配给"数据"窗格的"维度"区域，Tableau会假定这些值是离散的。当把离散字段拖放到列或行功能区时，Tableau会创建标题，如将"商品类别"拖放到行功能区上，如图3-34所示。

图3-33 将连续字段拖放到列功能区

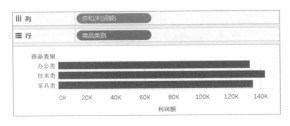

图3-34 将离散字段拖放到行功能区

3.3.3 连续和离散的转换及案例

在Tableau中，根据数据可视化分析的需要，可以对连续或离散字段进行类型的相互转换，下面结合案例进行详细的介绍，例如对日期字段进行类型转换。

○ （1）字段类型在"数据"窗格中的转换

如果要转换"数据"窗格中的字段类型，可以右键单击该字段，然后选择"转换为离散"或"转换为连续"。

例如，如果需要将"实际配送天数"的类型修改为离散型，在下拉框中选择"转换为离散"选项即可，如图3-35所示。如果需要将"订单日期"的类型修改为连续型，在下拉框中选择"转换为连续"选项即可，如图3-36所示。

图3-35　"转换为离散"

图3-36　"转换为连续"

○ （2）字段类型在可视化视图中的转换

单击视图中需要转换的字段，如果选择"离散"，即将字段类型转换为"离散"；如果选择"连续"，即将字段类型转换为"连续"，如图3-37所示。

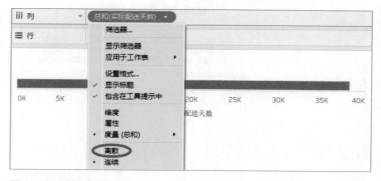

图3-37　选择"离散"选项

60

3.4 数据及视图的导出

3.4.1 导出数据文件

在工作中经常需要导出视图中的数据，可以通过"查看数据"实现，在Tableau Desktop视图上右击鼠标，在弹出的菜单中选择"查看数据"选项，如图3-38所示。

"查看数据"页面分为"摘要"和"完整数据"两个部分。

①"摘要"是数据源数据的概况，是图形上主要点的数据，如果要导出相应数据，单击右上方的"下载"按钮即可，格式是文本文件（逗号分隔），如图3-39所示。

②"完整数据"是Tableau连接数据源的全部数据，同时添加了"记录数"字段。如果要导出相应数据，单击右上方的"下载"按钮即可，导出的数据文件格式也是文本文件（逗号分隔），如图3-40所示。

单击"全部导出"按钮后，选择导出数据的路径和名称（默认路径是计算机的"文档"文件夹），即可导出全部数据。

3.4.2 导出图像文件

我们可以直接导出Tableau Desktop图像，依次单击菜单栏的【工作表】|【导出】|【图像】，如图3-41所示。

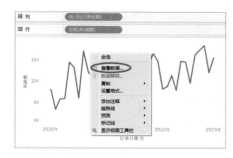

图3-38 "查看数据"

图3-39 全部导出摘要数据

图3-40 全部导出数据

弹出"导出图像"对话框，通过"显示"选择需要显示的信息，通过"图像选项"选择需要显示的样式，如图3-42所示。

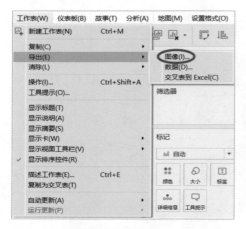

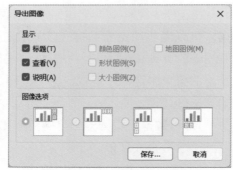

图 3-41　菜单栏直接导出图像　　　　　　图 3-42　导出图像的设置

单击"保存"按钮，在弹出的"保存图像"对话框中指定文件名、存放格式和保存路径。Tableau支持4种格式：可移植网络图形（.png）、Windows位图（.bmp）、可缩放矢量图（.svg）和JPEG图像（.jpg、.jpeg、.jpe、.jfif），如图3-43所示。

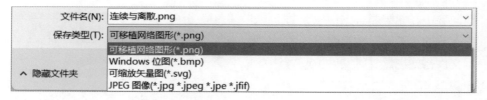

图 3-43　Tableau 支持 4 种格式

3.4.3　导出 PDF 格式文件

如果Tableau Desktop生成的各类图和表需要导出为PDF便携式文件，就可以单击菜单栏的"文件"→"打印为PDF"，如图3-44所示。

弹出"打印为PDF"对话框，设置打印的"范围""纸张尺寸"，以及其他选项，如图3-45所示。

单击"确定"按钮，在弹出的"保存PDF"对话框中，指定PDF文件名和保存类型，单击"保存"按钮即可将图表导出为PDF文件。

图 3-44　导出 PDF 文件

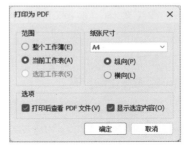

图 3-45　设置 PDF 文件格式

3.4.4　导出 PowerPoint 格式文件

如果Tableau Desktop生成的各类图和表需要导出为PowerPoint格式的文件，可以单击菜单栏的【文件】|【导出为PowerPoint】，如图3-46所示。

在弹出的"导出PowerPoint"对话框中，设置需要导出的视图或工作表等，然后单击"导出"按钮，如图3-47所示。

图 3-46　"导出为 PowerPoint"

图 3-47　设置 PowerPoint 文件
格式

在弹出的"保存PowerPoint"对话框中，指定PowerPoint的文件名和保存类型。

3.4.5　导出低版本文件

在工作中，数据可视化视图一般都需要与同事进行共享，但是Tableau Desktop的版本升级较快，各版本之间仅向下兼容，不向上兼容。如果我们使用的是较高的版本，而同事们使用的是较低版本，我们共享的可视化视图，同事们可能无法正常打开。

Tableau可以将较高版本的视图导出为较低版本，单击菜单栏的【文件】|【导出为版本】，如图3-48所示。注意，如果版本差距较大，某些功能和可视化特征可能会丢失。

在弹出的"导出为版本"对话框中，设置需要导出的版本，然后单击"导出"按钮即可，如图3-49所示。

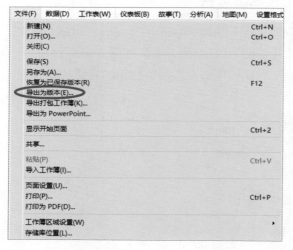

图3-48　"导出为版本"

图3-49　设置"导出为版本"

4

Tableau
基础操作

▼

前面我们学习了 Tableau 可视化分析的基本知识，包括连接
各类数据源、工作表的基础操作、数据的导出等。本章将通过实
际案例详细介绍一些 Tableau 常用的基础操作，包括创建字段、
表计算、创建参数、函数等。

扫码观看本章视频

4.1 创建字段及其案例

4.1.1 创建字段应用场景

在日常数据分析过程中，一般我们收集整理的数据不完全包含分析所需要的所有字段。

例如，数据源可能包含带有"销售额"和"利润额"两个字段，但不包括"利润率"这个字段。如果需要每种类型商品的利润率情况，就可以使用"销售额"和"利润额"两个字段，来创建一个新的"利润率"字段。

4.1.2 创建商品延迟天数字段

在分析过程中，我们往往需要从"计算字段"对话框创建新字段，或者基于所选字段创建新字段，操作步骤如下所述。

打开创建字段的编辑器，单击"数据"窗格"维度"右侧的下拉菜单，并选择"创建计算字段"，如图 4-1 所示。

也可以在菜单栏中选择【分析】|【创建计算字段】，如图 4-2 所示。

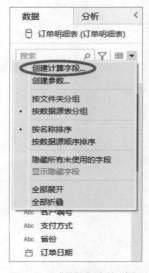

图 4-1 "数据"窗格创建
计算字段

图 4-2 菜单栏创建计算字段

维度和度量都可以直接拖放到编辑器中。这里我们将"实际配送天数"和"计划配送天数"拖放到编辑器中，命名为"商品延迟天数"，如图4-3所示。

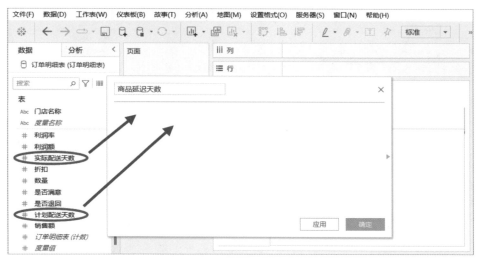

图4-3 将字段拖放到编辑器中

在编辑器中，如果单击"应用"按钮，将保存新创建的字段，并将其添加到"数据"窗格中，但不关闭编辑器；如果单击"确定"按钮，那么会保存新创建的字段并关闭编辑器，如图4-4所示，其中Tableau将返回字符串或日期类型的新字段保存为维度，返回数值类型的新字段保存为度量。

图4-4 成功创建新字段

此外，在处理比较复杂的公式时，计算编辑器可能会显示"计算公式错误"。Tableau允许保存无效的新字段，但是在"数据"窗格中，该新字段的右侧会出现一个红色感叹号，在没有更正无效的计算字段之前，该新字段将无法拖放到视图中，如图4-5所示。

图4-5　计算公式错误时的显示

4.2　表计算及其案例

4.2.1　表计算及其类型

通常，Tableau中是先有表，然后再对表中的数据进行计算。不要混淆这里"表"的概念，此表不是数据源中的表，它指的是视图中的维度形成的虚拟表。对于任何一个视图，都有一个由视图中的维度确定的虚拟表，虚拟表由"详细信息级别"内的维度来决定。

例如，绘制一张2020—2022年不同商品类别利润额的交叉表视图，如图4-6所示。

在此视图中，维度为"行"上的"商品类别"和"列"上的"订单日期"，聚合到"年"。每个单元格显示了"商品类别"和"订单日期"组合的"利润额"度量的值。

此视图的详细级别具体到"商品类别"和"订单日期"这个层级，利润值也是在这个层级上进行了聚合。3年的"订单日期"和3个"商品类别"，形成了12个单独的单元格，每个单元格显示1个"利润"值。

所谓的虚拟表，指的就是行、列，以及这12个单元格组成的表。为什么叫

商品类别	订单日期 2020	2021	2022
办公类	39,257	40,454	52,943
技术类	40,732	51,843	50,491
家具类	42,364	42,839	49,633

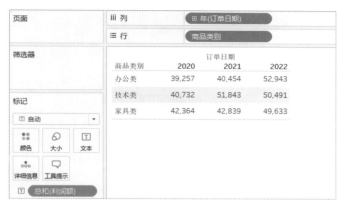

图 4-6　2020—2022 年不同商品类别利润额的交叉表视图

它虚拟表呢？用过Excel的人，对表的概念不陌生，储存在表中的数值都是固定的，不会变动。之所以叫它虚拟表，是因为单元格里面的值，是随着你所选维度的不同而变动，并不是严格意义上的表，但是与实际表的形式一样，所以就叫虚拟表。

在介绍表计算之前，首先需要理解Tableau中表的计算范围，以及表、区、单元格的差异，如图4-7所示。

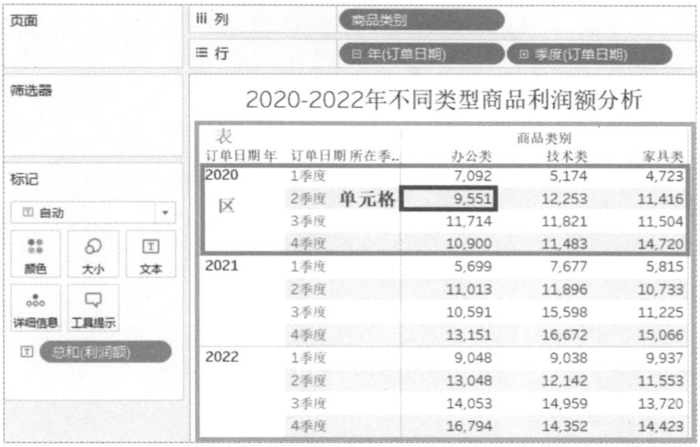

订单日期 年	订单日期 所在季..	商品类别 办公类	技术类	家具类
2020	1季度	7,092	5,174	4,723
	2季度	9,551	12,253	11,416
	3季度	11,714	11,821	11,504
	4季度	10,900	11,483	14,720
2021	1季度	5,699	7,677	5,815
	2季度	11,013	11,896	10,733
	3季度	10,591	15,598	11,225
	4季度	13,151	16,672	15,066
2022	1季度	9,048	9,038	9,937
	2季度	13,048	12,142	11,553
	3季度	14,053	14,959	13,720
	4季度	16,794	14,352	14,423

图 4-7　表计算重要概念

表计算是应用于整个表中数据的计算，通常依赖于表结构本身，这些计算的独特之处在于使用数据中的多行数据计算一个值。要创建表计算，需要点击“添加表计算”选项，如图4-8所示，然后在“表计算”对话框中设置合适的“计算类型”和“计算依据”，如图4-9和图4-10所示。

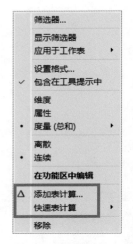

图 4-8　添加表计算　　图 4-9　主要计算类型　　图 4-10　主要计算依据

在 Tableau 中表的计算类型有以下 8 种。

◆ 与以下项目的差异：显示绝对变化。

◆ 与以下项目的百分比差异：显示变化率。

◆ 百分比：显示为指定数值的百分比。

◆ 合计百分比：以总额百分比的形式显示值。

◆ 排序：对数值进行排名。

◆ 百分位：计算百分位值。

◆ 累计汇总：显示累积总额。

◆ 移动计算：消除短期波动以确定长期趋势。

在 Tableau 中表的计算依据有以下 9 种。

⭕（1）表（横穿）

该方式的计算范围是整个表，方向是向右横穿，计算逻辑过程如图 4-11 所示。

⭕（2）表（向下）

该方式的计算范围是整个表，实现对表的向下计算，计算逻辑过程如图 4-12 所示。

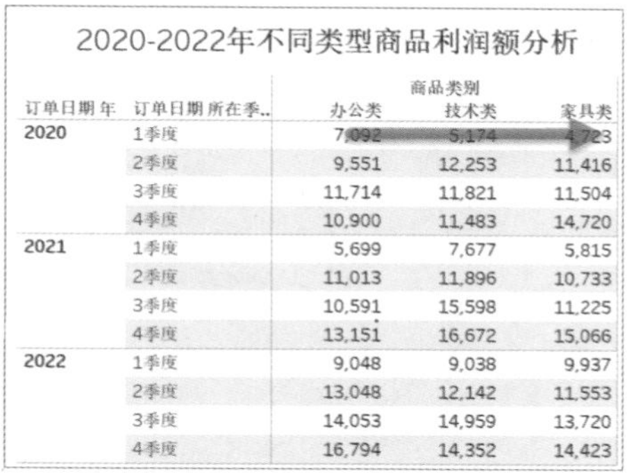

图 4-11 表（横穿）逻辑

图 4-12 表（向下）逻辑

（3）表（横穿，然后向下）

该方式的计算范围是整个表，是横穿和向下两种方式的结合，是先横穿，然后向下，计算逻辑过程如图4-13所示。

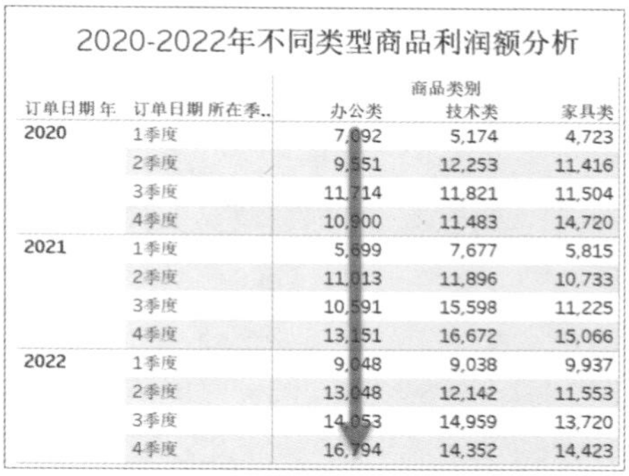

（4）表（向下，然后横穿）

该方式的计算范围是整个表，也是横穿和向下两种方式的结合，是先向下，然后横穿，计算逻辑过程如图4-14所示。

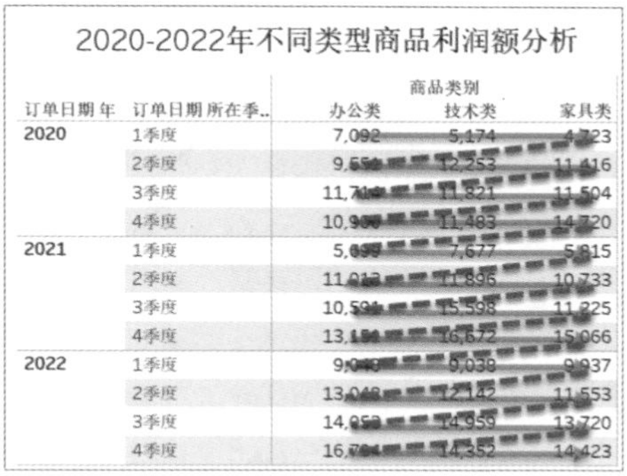

图 4-13 表（横穿，然后向下）逻辑

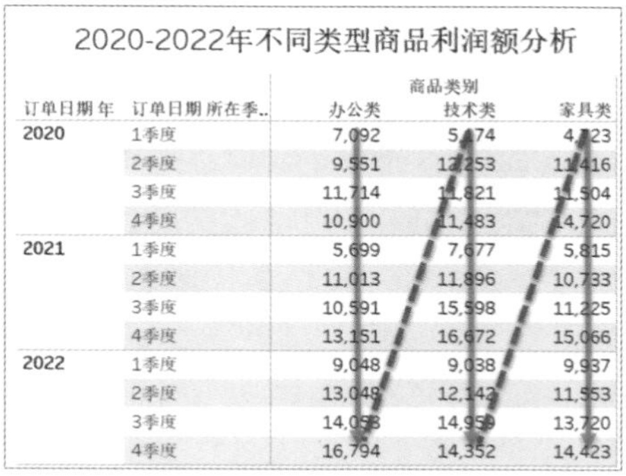

图 4-14 表（向下，然后横穿）逻辑

（5）区（向下）

该方式的计算范围是区，实现区内的向下计算，计算逻辑过程如图4-15所示。

（6）区（横穿，然后向下）

该方式的计算范围是区，实现区内的先横穿，然后进行向下计算，计算逻辑过程如图4-16所示。

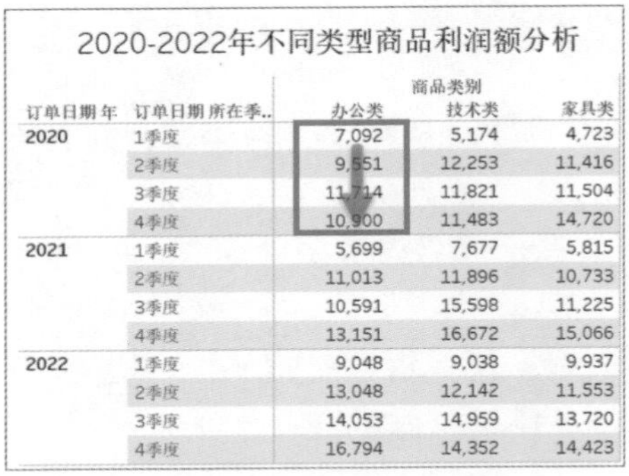

图4-15　区（向下）逻辑

图4-16　区（横穿，然后向下）逻辑

（7）区（向下，然后横穿）

该方式的计算范围是区，实现区内的先向下，然后进行横穿计算，计算逻辑过程如图4-17所示。

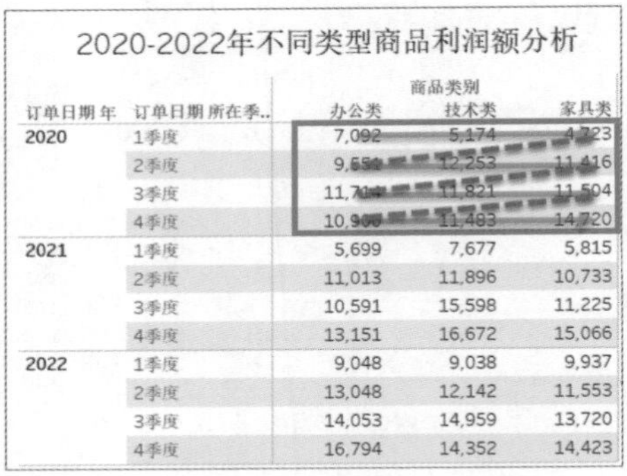

（8）单元格

该方式的计算范围是单元格，实现对每个单元格进行计算，计算逻辑过程如图4-18所示。

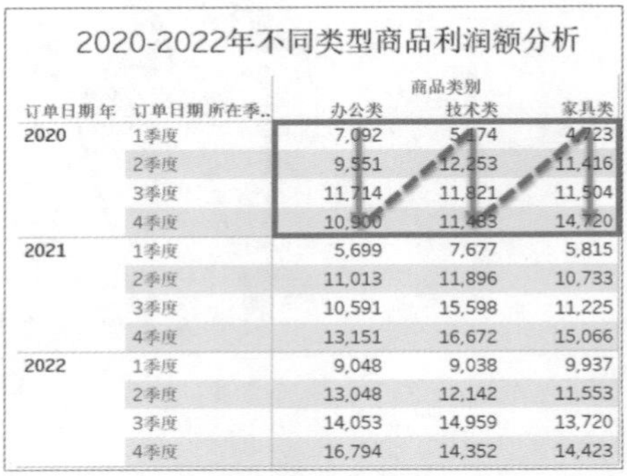

图4-17　区（向下，然后横穿）逻辑

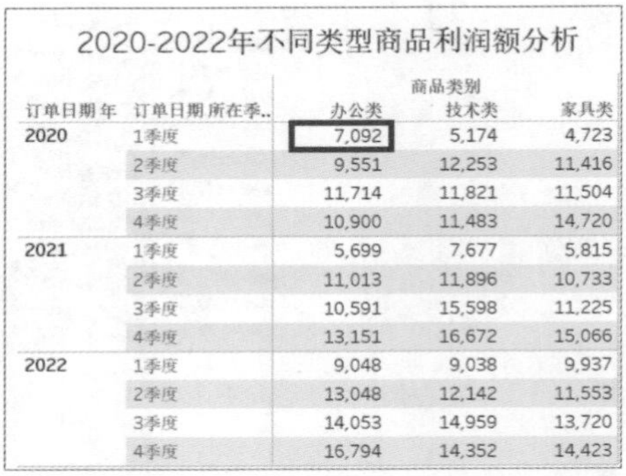

图4-18　单元格逻辑

（9）特定维度

该方式是数据的特定维度，例如"商品类型"和"订单日期"所在季度为寻址字段，因此计算每种商品每个季度的差异，对于每一年，计算会重新开始，逻辑如图4-19所示。

2020-2022年不同类型商品利润额分析				
		商品类别		
订单日期 年	订单日期 所在季..	办公类	技术类	家具类
2020	1季度			
	2季度	2,459	7,079	6,693
	3季度	2,162	-432	88
	4季度	-813	-338	3,216
2021	1季度			
	2季度	5,314	4,219	4,918
	3季度	-423	3,702	492
	4季度	2,561	1,074	3,841
2022	1季度			
	2季度	4,000	3,105	1,615
	3季度	1,006	2,817	2,167
	4季度	2,741	-608	703

图 4-19　特定维度逻辑

4.2.2　快速商品利润率分析

下面介绍在企业销售数据分析时，如何使用表计算快速实现对不同地区商品利润率的可视化分析。

◯ （1）打开"表计算"对话框

选择列功能区上的"总和(利润额)"字段，在下拉菜单中选择"添加表计算"选项，如图4-20所示。

图 4-20　"添加表计算"

（2）设置计算

在"表计算"对话框中选择要应用的计算类型，这里选择"合计百分比"，如图4-21所示，在"表计算"对话框的下半部分定义计算依据，这里选择"表"，如图4-22所示。

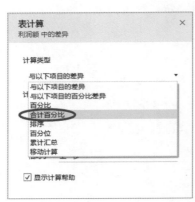

图 4-21　选择计算类型

图 4-22　选择计算依据

（3）查看表计算

将"地区"字段拖放到行功能区，利润额现在标记为表计算，即合计百分比，还可以对视图进行适当调整和美化，如图4-23所示。

图 4-23　查看表计算结果

4.3　创建参数及其案例

4.3.1　创建参数应用场景

在Tableau Desktop中，参数是全局占位符值，例如数字、日期或字符串，可以替换计算、"筛选器"或参考行中的常量值。可以使用参数而不是在"筛选器"中手动设置要显示的数值，在需要更改该值时打开参数控件进行更新即可。

例如，对销售人员的月度业绩考核过程中，可能需要创建一个实习业务员的月度销售额大于100000元时返回"达标"，否则返回"不达标"的计算。可以在公式中使用参数来替换常量值100000，然后就可以使用参数控件来动态更改计算中的阈值。

4.3.2　实现利润排名前N名

下面结合具体的案例介绍如何在"筛选器"中使用参数。例如，当通过"筛选器"显示利润额排名最高的前10个城市时，可能希望使用参数而不是固定值10，这样就可以快速更新"筛选器"来显示利润额最高的前10、前20或前30名的城市。

创建参数的具体操作步骤如下所述。

使用"数据"窗格维度右侧的下拉箭头打开创建菜单，选择"创建参数"，如图4-24所示。

在"创建参数"对话框中，为字段指定一个名称，这里命名为"利润排名前N名"，并指定参数值的数据类型，如图4-25所示。

指定当前值，这是参数的默认值，对于浮点型的数据，当前值的默认值是1，然后指定要在参数控件中使用的显示格式，由于参数是城市的利润额排名，因此这里选择"数字（标准）"，如图4-26所示。

指定参数接受数值的方式，有以下三种选项。

➢ 全部：参数控件是一个简单的文本值。

➢ 列表：参数控件是可选择的数值列表。

图 4-24　"创建参数"

图 4-25　命名新参数并指定参数值的数据类型

图 4-26　设置显示格式

　　➤范围：参数控件是指定范围中的数值。

　　这些选项的可用性由数据类型确定。例如，字符串参数只能接受全部或列表。

如果选择"范围"，则必须指定最小值、最大值和步长。例如，可以定义介于1和50之间的数值，并将步长设置为1以创建可用来选择每个排名的参数控件，如图4-27所示。

单击"确定"按钮，在"数据"窗格底部的"参数"部分就会出现新创建的参数，如图4-28所示。

创建参数 ×

名称

利润排名前N名

属性

数据类型
浮点

显示格式
1

当前值
1

工作簿打开时的值
当前值

允许值
○ 全部   ○ 列表   ● 范围

值范围
☑ 最小值   1   ● 固定
                     ○ 工作簿打开时
☑ 最大值   50
                     通过以下项目添加值 ▼
☑ 步长   1

取消   确定

图 4-27 设置值范围

\# 销售额
\# 订单明细表 (计数)
\# 度量值

参数

\# 利润排名前N名

图 4-28 创建完毕

可以通过"数据"窗格或参数控件来编辑参数。在"数据"窗格中右键单击该参数，并选择"编辑"，如图4-29所示，在"编辑参数"对话框中进行必要的修改。

"利润排名前N名"的参数已经创建完毕，下面制作各个城市利润额排名的条形图，如图4-30所示。

然后将"城市"字段拖放到"筛选器"中，在弹出的"筛选器[城市]"对话框中，选择"顶部"下的"按字段"，并在"顶

搜索   ⌕ ▽ ▦ ▼

表
\# 利润额
\# 实际配送天数
\# 折扣
\# 数量
\# 是否满意
\# 是否退回
\# 计划配送天数
\# 销售额
\# 订单明细表 (计数)
\# 度量值

参数
\# 利润排名前N名

添加到工作表
显示参数

剪切
复制

编辑...

复制
重命名
隐藏
删除

创建   ▶
默认属性   ▶
文件夹   ▶

替换引用...
描述...

图 4-29 编辑参数

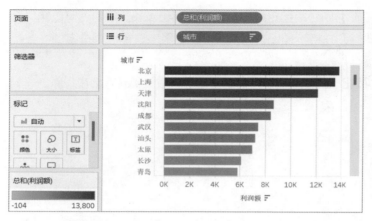

图 4-30　利润额排名条形图

部"后下拉框中选择新创建的"利润排名前N名"参数，依据是利润额的总和，如图4-31所示。

　　显示参数控件，在"数据"窗格中右键单击参数并选择"显示参数"选项，如图4-32所示。在视图中使用参数控件可以修改"筛选器"以显示利润额任意排名靠前的城市，如图4-33所示。

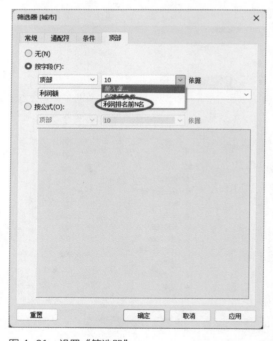

图 4-31　设置"筛选器"

图 4-32　显示参数

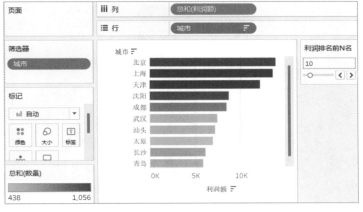

图 4-33　动态显示利润额排名

4.4　函数及其案例

4.4.1　函数及其主要类型

函数是指一段可以直接被另一段程序或代码引用的程序或代码。

Tableau包含丰富的函数，包括数学函数、字符串函数、日期函数、类型函数、逻辑函数、聚合函数、直通函数、用户函数、表计算函数、空间函数、预测建模函数等类型，具体函数内容见本书的附录。

4.4.2　商品利润额散点图

下面结合具体的案例介绍如何应用函数，例如需要绘制各个省份商品利润额的散点图。通常，散点图需要多个度量字段来实现，但是需求中只有一个利润额度量，其他都是维度字段。那么一个度量与多个维度的散点图如何绘制呢？

上述情况相对比较复杂，下面详细介绍其绘制过程，具体步骤如下所述。

导入数据后，将"商品类别"和"利润额"字段分别拖放到列功能区和行功能区，并将"省份"拖放到"颜色"控件中，生成如图4-34所示的条形图。

将视图显示设置为"整个视图"，在标记卡中，把"自动"调整为"圆"类型，如图4-35所示。

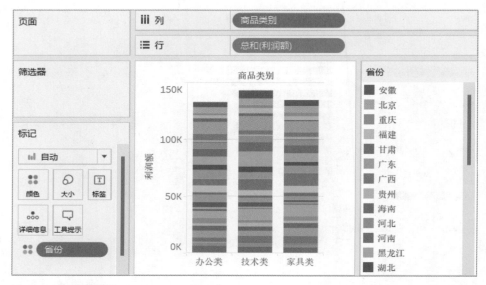

图 4-34 绘制条形图

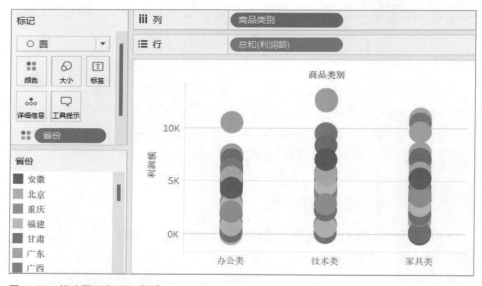

图 4-35 修改图形类型为"圆"

接下来，用Index函数创建一个新的计算字段"断开点"，公式为"INDEX()%50"，其中数字代表散点的列数，希望呈现出来的散点能排列得密集一点，所以使用了50，如图4-36所示。

将新创建的"断开点"字段拖放到列功能区，并设置计算字段的计算依

图 4-36　创建新的计算字段

据，这是为了使点按照子类别散开，如图 4-37 所示，否则，这些点会在同一条直线上。

　　将"利润额"字段拖放到"大小"控件中，至此，我们通过 Index 函数，得

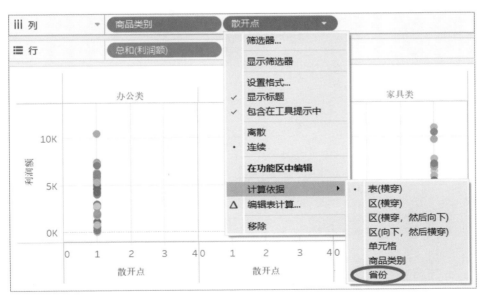

图 4-37　设置计算依据

到了可以直观查看各个省份利润额的散点图，如图4-38所示。如果不喜欢圆点，可以在标记卡中将"圆"改为其他的类型。

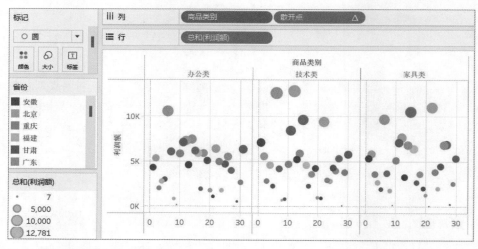

图 4-38 利润额散点图

5

Tableau
数据可视化

▼

本章将通过实例介绍如何使用Tableau创建一些常用的视图，如条形图、饼形图、直方图、折线图、气泡图、树状图、散点图、箱形图、环形图等，除环形图外，它们都位于软件界面右上方"智能推荐"视图区域。

扫码观看本章视频

5.1 绘制表格型图表

5.1.1 绘制交叉表

交叉表也称为文本表，以文本形式显示数据。交叉表采用一个或多个维度，以及一个或多个度量。交叉表可以显示度量字段值的不同计算，例如总百分比、运行总计等。

例如，要统计每个地区每种商品类型，在不同年度的销售额，主要步骤如下：

将“订单日期”字段拖放到列功能区，“地区”字段和“商品类型”字段拖放到行功能区，“销售额”字段拖放到“标记”卡的“文本”控件中。

为了更好地显示数值之间的大小差异，还需要将“销售额”字段拖放到“颜色”控件中，并设置颜色的显示方式，最后输入标题“地区商品销售额统计”，得到的交叉表如图 5-1 所示。

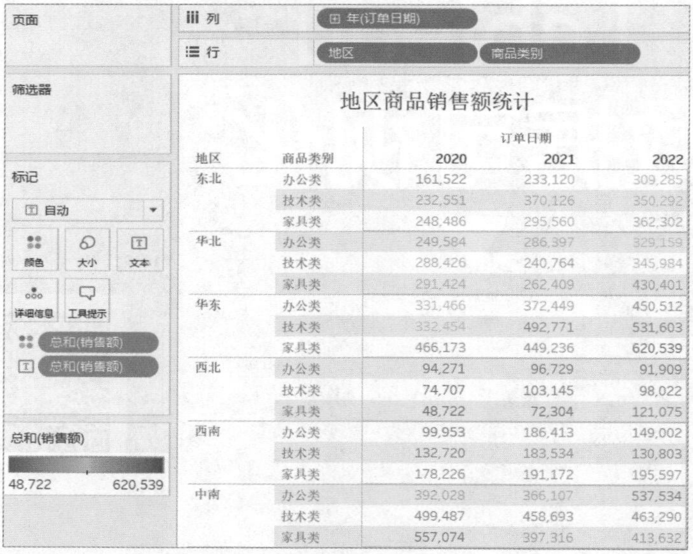

		订单日期		
地区	商品类别	2020	2021	2022
东北	办公类	161,522	233,120	309,285
	技术类	232,551	370,126	350,292
	家具类	248,486	295,560	362,302
华北	办公类	249,584	286,397	329,159
	技术类	288,426	240,764	345,984
	家具类	291,424	262,409	430,401
华东	办公类	331,466	372,449	450,512
	技术类	332,454	492,771	531,603
	家具类	466,173	449,236	620,539
西北	办公类	94,271	96,729	91,909
	技术类	74,707	103,145	98,022
	家具类	48,722	72,304	121,075
西南	办公类	99,953	186,413	149,002
	技术类	132,720	183,534	130,803
	家具类	178,226	191,172	195,597
中南	办公类	392,028	366,107	537,534
	技术类	499,487	458,693	463,290
	家具类	557,074	397,316	413,632

图 5-1　交叉表

5.1.2 绘制突出显示表

突出显示表使用颜色来比较分类数据。在 Tableau 中创建突出显示表，可以将一个或多个维度分别放在列或行功能区上，通过设置表单元格的大小和颜色来创建热图，从而增强突出显示表的可视化效果。

例如，利用Tableau创建突出显示表，分析利润额如何随地区、商品类别和客户类型而变化，主要步骤如下：

将"客户类型"字段拖放到列功能区，"地区"字段和"商品类别"字段拖放到行功能区，同时将"商品类别"字段放在"地区"字段的右侧，"利润额"字段拖放到"标记"卡的"颜色"控件上，聚合默认为总和，颜色图例反映出连续数据范围，效果如图5-2所示。

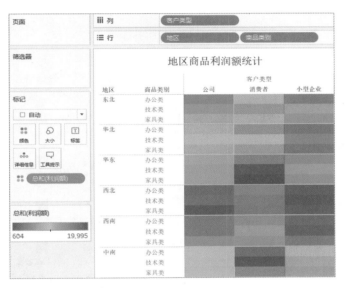

图 5-2　突出显示表

5.2　绘制对比型图表

5.2.1　绘制热图

热图用于在不同的度量上以大小和颜色的形式可视化数据。热图可以同时可视化两种不同的测量，一个度量指定为大小，而另一个度量附加到热图的颜色。

例如，绘制不同类型的商品在不同地区的销售额大小的热图，主要步骤如下：

将"地区"字段拖放到列功能区，"子类别"字段拖放到行功能区，"销售额"字段拖放到"标记"卡上的"文本"控件中。

单击工作表的"智能推荐"按钮，选择"热图"图标，再拖动"销售额"字段放入"标记"窗格下的"颜色"控件中，然后再进行适当美化，效果如图5-3所示。

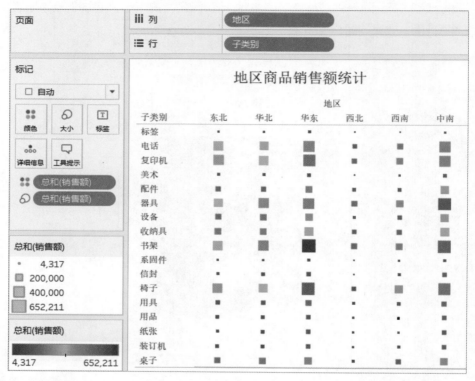

图 5-3　热图

5.2.2　绘制条形图

条形图是一种把连续数据绘制成数据条的表现形式，通过比较不同组的条形长度，从而比较不同组的数据量大小，例如客户的性别、受教育程度、购买方式等。绘制条形图时，不同组之间是有空隙的，如果没有就是直方图，可分为垂直条和水平条。

例如，要创建一个不同类型商品利润额的条形图，主要步骤如下：

连接数据源后，将"利润额"字段拖放到列功能区，"子类别"字段拖放到行功能区，Tableau会自动生成条形图，显示不同类型商品的利润额。

然后将"利润额"字段拖入"颜色"和"标签"控件，设置图形颜色，并添加标题"不同类型商品利润额统计"，调整后的效果如图5-4所示。

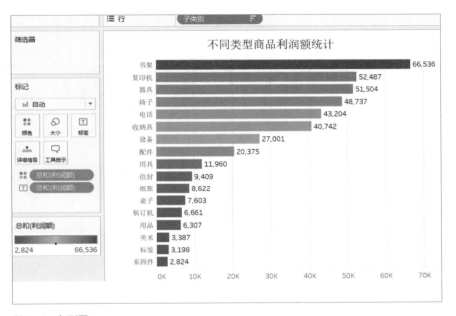

图5-4　条形图

5.2.3　绘制气泡图

气泡图可用于展示三个变量之间的关系，绘制时将一个变量放在横轴，另一个变量放在纵轴，而第三个变量则用气泡的大小来表示。气泡图与散点图类似，不同之处在于：气泡图允许在图中额外加入一个表示气泡大小的变量。

例如，要创建一个不同省份订单量大小的气泡图，主要步骤如下：

将"省份"字段拖放到列功能区，将"订单编号"字段拖放到行功能区，聚合类型调整为"计数(不同)"，拖放完成后，Tableau会自动生成条形图。

通过Tableau右上方的"智能推荐"调整样式，选择"气泡图"选项。然后将"订单编号"字段拖放到"颜色"和"标签"卡上，聚合类型都调整为"计数(不同)"，为视图添加标题"不同省份订单量统计"，得到的气泡图如图5-5所示。

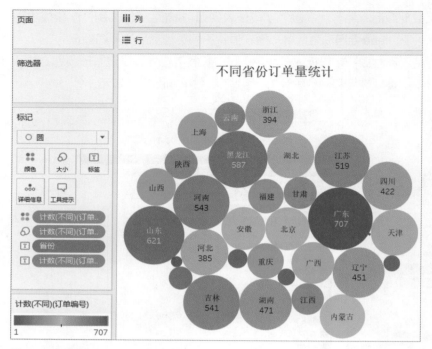

图 5-5　气泡图

5.3　绘制趋势型图表

5.3.1　绘制折线图

折线图是用直线将各个数据点连接起来而组成的图形,以折线方式显示数据的变化趋势。折线图可以显示随时间而变化的连续数据,因此非常适合显示相等时间间隔的数据趋势。在折线图中,类别数据沿水平轴均匀分布,值数据沿纵轴均匀分布。

例如,要创建一个显示不同订单日期的利润额折线图,主要步骤如下:

将"订单日期"拖放到列功能区,"利润额"拖放到行功能区。为了观察订单按月份的趋势,可以单击列功能区中的"年(订单日期)",然后选择"月2015年5月"选项。

还可以将"利润额"拖放到"颜色"和"标签"卡上对视图进行美化,并给视图添加标题"商品利润额月度统计",得到的折线图如图5-6所示。

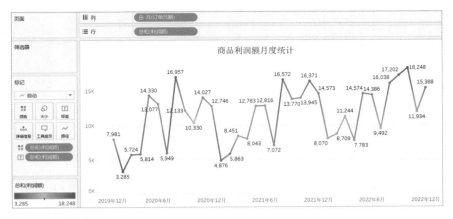

图 5-6　折线图

5.3.2　绘制面积图

面积图表示不同时间的任何定量或测量数据，其中线和轴间的区域通常用颜色填充。

例如，要绘制近3年来，不同类型商品的销售额面积图，主要步骤如下：

将"订单日期"拖放到列功能区，"销售额"拖放到行功能区。为了观察订单按月份的趋势，可以单击列功能区中的"年（订单日期）"，然后选择"月2015年5月"选项。单击右上角的"智能推荐"，选择"面积图(连续)"选项。

拖动"商品类型"字段并放入"标记"卡上的"颜色"控件中，Tableau自动创建一个面积图，根据订单日期显示不同类型商品的销售额，如图5-7所示。

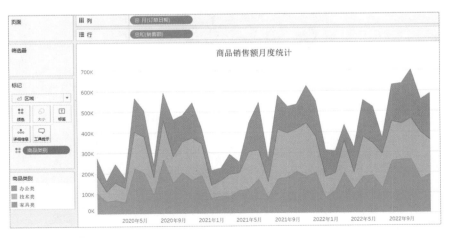

图 5-7　面积图

5.4 绘制比例型图表

5.4.1 绘制饼图

饼图用于展示数据系列中各项与总和的比例，图中的数据点显示为占总体的百分比，每个数据系列具有唯一的颜色或图案，并且用图例表示。

例如，创建一个不同商品类型退单量的饼图，主要步骤如下：

将"商品类型"字段拖放到列功能区，"是否退回"字段拖放到行功能区，Tableau会自动生成条形图。单击"智能推荐"中的"饼图"视图，单击"标记"卡上的"大小"控件后，拖动滑块可以放大或缩小饼图。

还需要将"商品类别"字段和"是否退回"字段拖入"标记"卡上的"标签"控件，并为"总计(是否退回)"添加表计算，类型为"合计百分比"，最后为视图添加标题"不同类型商品退单量统计"，得到的饼图如图5-8所示。

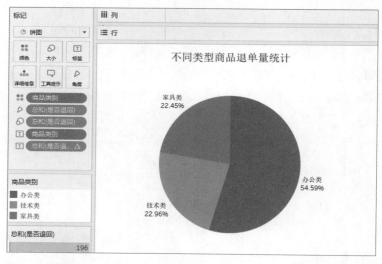

图5-8 饼图

5.4.2 绘制环形图

环形图是由两个或两个以上大小不一的饼图叠加而成，挖去中间的部分所构成的图形，环形图与饼图类似，但又有区别，环形图中间有一个"空洞"。

例如，要创建不同地区退单量的环形图，主要步骤如下：

将"地区"字段拖放到列功能区，"是否退回"字段拖放到行功能区，单击"智能推荐"中的"饼图"视图，这样就可以制作一个不同地区退单量的饼图。

再将"是否退回"字段拖放到行功能区，共拖放两次，并且给两个"总和(是否退回)"都添加上快速表计算"排序"。

在第一个度量页面上，为"角度"和"大小"控件，添加上快速表计算"合计百分比"。将"地区"字段和"是否退回"字段拖放到"标签"控件，并给"总和(是否退回)"添加上快速表计算"合计百分比"。

在第二个度量上，移除"颜色"控件，使用"大小"控件适当缩小圆形大小，鼠标右击纵坐标轴，选择"双轴"选项，这样两个圆形就合并为一个圆环，并将内圆颜色修改为白色。

最后，为视图添加标题"不同地区退单量统计"，得到的环形图如图5-9所示。从视图可以看出，中南地区的退单量最多，占总退单量的26.53%，其次是华东地区，占比25.51%。

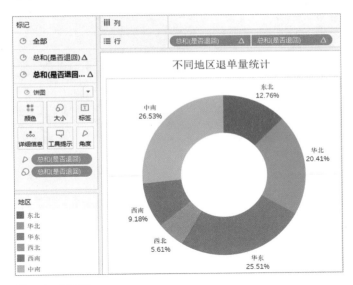

图5-9 环形图

5.4.3 绘制树状图

树状图通过在嵌套的矩形中显示数据，使用维度定义树状图的结构，使用度量定义各个矩形的大小或颜色。可以将度量放在"大小"和"颜色"标记上，在"颜色"标记上可以包括多个维度，添加维度只会将视图分为更多的较小矩形。

例如，要创建各省份商品利润额的树状图，主要步骤如下：

将"省份"拖放到列功能区，"利润额"拖放到行功能区，单击工具栏上的"智能推荐"按钮，然后选择"树状图"视图。在树状图中，矩形的大小及其颜色由"利润额"的值决定，利润额越大，它的矩形框就越大，颜色也越深。

将"销售额"拖放到"标记"卡上的"标签"控件中，并为视图添加标题"各省份利润额分析"，对视图进行适当的美化，得到的树状图如图5-10所示。

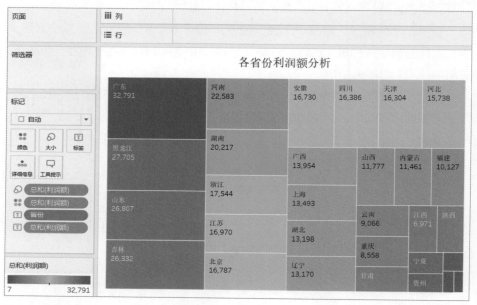

图5-10　树状图

5.5　绘制分布型图表

5.5.1　绘制散点图

散点图表示一个变量随另一个变量变化的大致趋势，据此判断两变量之间是否存在某种关联，从而选择合适的函数对数据进行拟合。

例如，创建商品订单的实际配送天数和计划配送天数的散点图，主要步骤如下：

将"实际配送天数"拖放到列功能区，将"计划配送天数"拖放到行功能区，同时取消菜单栏"分析"选项下的"聚合度量"选项，再为散点图添加趋势线，并添加标题"商品配送情况分析"。

从散点图可以看出：趋势线上方的点表示计划配送天数大于实际配送天数，趋势线上的点表示计划配送天数等于实际配送天数，趋势线下方的点表示计划配送天数小于实际配送天数，如图5-11所示。

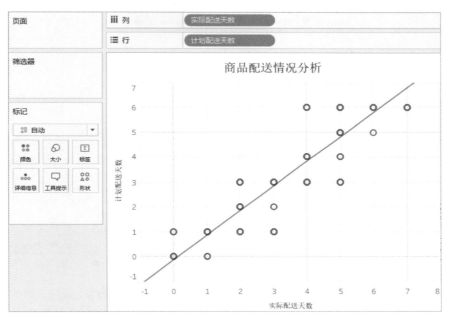

图5-11　散点图

5.5.2　绘制直方图

直方图是一种统计报告图，由一系列高度不等的纵向条纹或线段表示数据分布的情况，一般用横轴表示数据类型，纵轴表示分布情况。

例如，要创建一个显示不同年份商品利润率的直方图，主要步骤如下：

选择"利润率"字段，将其拖放到行功能区，单击"智能推荐"中的"直方图"视图，用于创建直方图，显示在各个利润率区间的次数。

将"订单日期"字段拖入"颜色"控件中，并为视图添加标题"商品利润率统计"，现在可以看出不同年份的商品利润率分布情况，得到的直方图如图5-12所示。

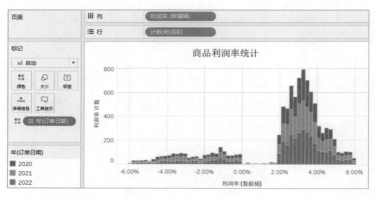

图 5-12　直方图

5.5.3　绘制箱形图

箱形图又称为箱线图或盒须图，是一种用作显示一组数据分散情况资料的统计图。箱形图主要用于反映原始数据分布的特征，还可以进行多组数据分布特征的比较等。

例如，要创建一个最近3年不同地区商品利润率的箱形图，主要步骤如下：

将"地区"拖放到列功能区，将"利润率"拖放到行功能区，聚合类型从"总和"修改为"平均值"，单击工具栏中的"智能推荐"按钮，然后选择"盒须图"视图。

将"订单日期"拖放到列功能区，将"利润率"拖放到"标签"控件，并为视图添加标题"2020—2022年商品利润率分析"，得到的箱形图如图5-13所示。

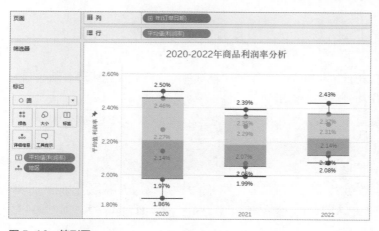

图 5-13　箱形图

5.6 绘制组合型图表

5.6.1 绘制双线图

双线图用于比较两种不同度量的情况，需要一个日期列和两个度量，图表中展示数据的变化趋势，帮助用户理解这两个度量。

例如，要创建最近3年每个月份商品销售额和利润额的双线图，主要步骤如下：

将"订单日期"拖放到列功能区，"销售额"和"利润额"拖放到行功能区，单击工具栏中的"智能推荐"按钮，然后选择"双线图"视图类型。

单击列功能区中的"年（订单日期）"，然后选择"月 2015年5月"选项，并为视图添加标题"2020—2022年商品销售额和利润额分析"，从视图可以看出每个月份的商品销售额和利润额的变化情况，如图5-14所示。

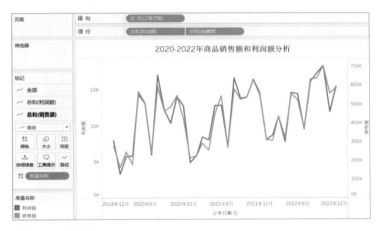

图5-14 双线图

从图形可以看出：在2020—2022年，企业商品销售额与利润额数值的最低点基本出现在每年1月份，然后逐渐上升，在每年的第三季度达到峰值。

5.6.2 绘制双组合图

双组合图用于显示两种不同图表类型中的两种不同度量。需要一个日期列和两个度量来构建双轴图表，图表中使用了不同的比例，帮助用户理解这两个度量。

例如，要创建最近3年商品利润额和利润率的双组合图，主要步骤如下：

将"订单日期"拖放到列功能区，"利润额"和"利润率"拖放到行功能区，单击工具栏中的"智能推荐"按钮，然后选择"双组合图"视图类型。

单击列功能区中的"年（订单日期）"，然后选择"月 2015年5月"选项，将"总和(利润率)"的聚合类型修改为"平均值(利润率)"，并为视图添加标题"2020—2022年商品利润额和利润率分析"，从视图可以看出每个月份的商品利润额和平均利润率的变化情况，如图5-15所示。

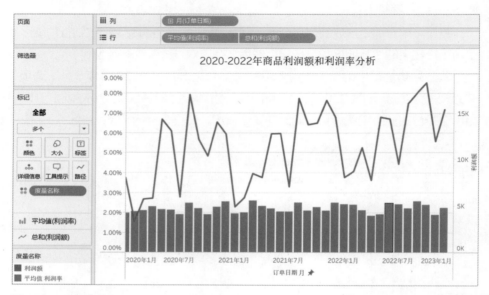

图 5-15　双组合图

5.7　绘制计划管理型图表

5.7.1　绘制靶心图

靶心图是一种特殊形式的柱形图叠加，但其所使用的场景和表达的含义却远远超过柱形图，特别是在分析环比、同比时。

例如，要创建各个省份订单的平均实际配送天数与平均计划配送天数比较情况的靶心图，主要步骤如下：

将"实际配送天数"拖放到列功能区，"省份"和"计划配送天数"拖放到行功能区，单击工具栏中的"智能推荐"按钮，然后选择"靶心图"视图类型，将"实际配送天数"拖放到"标签"控件上。

将"总和(实际配送天数)"修改为"平均值(实际配送天数)"，"总和(计划配送天数)"修改为"平均值(计划配送天数)"，然后为图表添加标题"实际与计划配送天数分析"，得到的靶心图如图5-16所示。

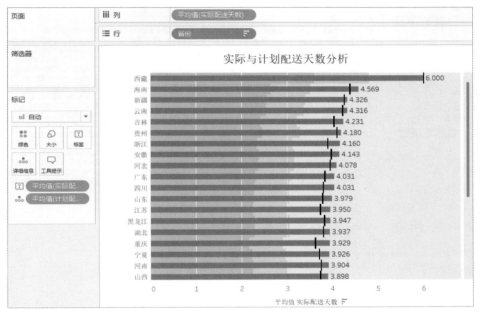

图 5-16　靶心图

5.7.2　绘制甘特图

甘特图又称横道图，以图示的方式通过活动列表和时间刻度形象地表示特定项目的活动顺序与持续时间。甘特图的横轴表示时间，纵轴表示活动，线条表示整个期间计划和实际活动完成情况。

例如，要创建2022年不同类型商品实际配送天数的甘特图，主要步骤如下：

将"订单日期"拖放到列功能区，"子类别"和"实际配送天数"拖放到行功能区，"实际配送天数"放在"子类别"的右侧。

将"年(订单日期)"修改为"天(订单日期)",天的类型为"天 2015年5月8日",还需要将"总和(实际配送天数)"修改为"平均值(实际配送天数)"。

单击工具栏中的"智能推荐"按钮,然后选择"甘特图"视图类型。

将"订单日期"字段拖放到"筛选器"功能区,在"筛选器字段"对话框中,设置显示2022年的数据,并添加视图标题"2022年商品实际配送天数",得到的甘特图如图5-17所示。

图5-17　甘特图

6

Tableau
统计分析

▼

前面讨论了如何利用Tableau创建各种视图，本章将介绍Tableau如何进行统计数据的可视化分析，包括相关分析、回归分析、聚类分析、时间序列分析，使用的数据源为2022年上海空气主要污染物数据。

扫码观看本章视频

6.1 相关分析

相关分析用于研究定量数据之间的关系，包括是否有关系、关系紧密程度等，通常用于回归分析的过程之前，例如：新冠病毒和气温的关系，商品销量与售后服务的关系等。

6.1.1 相关分析及 Excel

相关分析是最基本的关系研究方法，也是其他一些分析方法的基础，研究中我们经常会使用到相关分析。相关分析是用于研究定量数据之间的关系，包括是否有关系，以及关系紧密程度等，通常用于回归分析的过程之前。例如某电商平台需要研究客户满意度和重复购买意愿之间是否有关系，以及关系紧密程度如何时，就需要进行相关分析。

相关分析使用相关系数表示变量之间的关系，首先判断是否有关系，接着判断关系为正相关或者负相关，相关系数大于0为正相关，反之为负相关，也可以通过散点图直观地查看变量的关系，最后判断关系紧密程度。通常绝对值大于0.7时认为两变量之间表现出非常强的相关关系，绝对值大于0.4时认为有着强相关关系，绝对值小于0.2时相关关系较弱。

相关系数有三类：Pearson、Spearman 和 Kendall 相关系数。它们均用于描述相关关系程度，判断标准也基本一致。

① Pearson 相关系数：用来反映两个连续性变量之间的线性相关程度。

② Spearman 相关系数：用来反映两个定序变量之间的线性相关程度。

③ Kendall 相关系数：用来反映两个随机变量拥有一致的等级相关性。

皮尔逊相关系数（pearson correlation coefficient）用来反映两个连续性变量之间的线性相关程度。

用于总体（population）时，相关系数记作ρ，公式为

$$\rho_{X,Y} = \frac{Cov(X,Y)}{\sigma_X \sigma_Y}$$

其中，$Cov(X,Y)$ 是 X、Y 的协方差，σ_X 是 X 的标准差，σ_Y 是 Y 的标准差。

用于样本（sample）时，相关系数记作r，公式为

$$r = \frac{\sum_{i=1}^{n}(X_i - \bar{X})(Y_i - \bar{Y})}{\sqrt{\sum_{i=1}^{n}(X_i - \bar{X})^2}\sqrt{\sum_{i=1}^{n}(Y_i - \bar{Y})^2}}$$

其中，n是样本数量；X_i和Y_i是变量X、Y对应的i点观测值；$\bar{X}$是X样本平均数；$\bar{Y}$是Y样本平均数。

要理解皮尔逊相关系数，首先要理解协方差。协方差可以反映两个随机变量之间的关系，如果一个变量跟随着另一个变量一起变大或者变小，这两个变量的协方差就是正值，表示这两个变量之间呈正相关关系，反之呈负相关关系。

由公式可知，Pearson相关系数是用协方差除以两个变量的标准差得到的，如果协方差的值是一个很大的正数，我们可以得到两个可能的结论：

两个变量之间呈很强的正相关性，这是因为X或Y的标准差相对很小。

两个变量之间并没有很强的正相关性，这是因为X或Y的标准差很大。

当两个变量的标准差都不为零时，相关系数才有意义，皮尔逊相关系数适用于：

两个变量之间是线性关系，都是连续数据。

两个变量的总体是正态分布，或接近正态的单峰分布。

两个变量的观测值是成对的，每对观测值之间相互独立。

应该注意的是，简单相关系数所反映的并不是任何一种确定关系，而仅仅是线性关系。另外，相关系数所反映的线性关系并不一定是因果关系。

示例：计算空气PM2.5与PM10的相关系数

空气中的PM2.5与PM10浓度过高，会对人体造成健康隐患，通过相关系数可以研究它们之间的相关程度大小。下面计算2022年上海市每月PM2.5与PM10浓度的相关系数。

在Excel中计算相关系数有两种方式。

方法1：函数法

可以直接利用Excel中的相关系数CORREL()函数，也可以使用皮尔逊相关系数PEARSON()函数计算相关系数，例如PM2.5与PM10浓度的相关系数为0.7388，计算公式如图6-1所示。

方法2：工具法

使用数据分析工具进行操作，在"数据分析"选项找到"相关系数"选项，然后单击"确定"按钮，如图6-2所示。在"相关系数"对话框中，设置"输入区域"为"$B$1:$C$13"，"分组方式"为"逐列"，并选择"标志位于第一行"选项。

月份	PM2.5	PM10	NO₂	PM2.5与PM10相关系数
1月	41.3226	43.8387	41.8710	=PEARSON(B2:B13,C2:C13)
2月	29.1071	42.7143	27.9643	=CORREL(B2:B13,C2:C13)
3月	29.0645	54.0968	31.1935	
4月	22.4000	37.7333	17.2000	
5月	20.9677	29.4516	16.2581	
6月	19.9333	29.7667	18.3667	
7月	21.6129	33.3226	19.5484	
8月	17.3871	33.0000	19.4516	
9月	14.9333	30.9667	21.4667	
10月	14.9677	32.5484	24.9355	
11月	24.6000	39.0333	34.8667	
12月	32.6129	57.7419	44.6129	

图 6-1 函数法计算相关系数

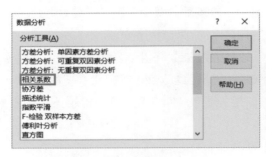

图 6-2 工具法计算相关系数

6.1.2 Tableau 相关分析

散点图是一种常用的表现两个连续变量或多个连续变量之间相关关系的可视化展现方式，通常在变量相关性分析之前使用。借助散点图，我们可以大致了解变量之间的相关关系类型和相关强度等。

⊙ （1）创建简单散点图

在Tableau中创建简单散点图，需要在行列功能区上各放置一个度量字段。例如需要分析"PM2.5"与"PM10"两个连续变量之间的关系。

将"PM2.5"与"PM10"分别拖至列功能区和行功能区，此时视图区域仅有一个点，这是由于Tableau会把两个度量按照"总和"进行聚合。

选择菜单栏"分析"下的"聚合度量"选项，移除选中标记，即解聚这两个度量字段，视图区域将会以散点图的形式显示数据中的所有数据。再对散点图的起始坐标范围进行设置，横坐标设置为从25到60，纵坐标设置从10到45，如图6-3所示。

从图形可以看出：PM2.5与PM10呈现高度的正向相关性。

102

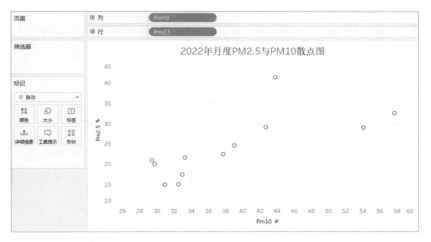

图 6-3　简单散点图

●（2）创建散点图矩阵

散点图矩阵是散点图的高维扩展，可以帮助探索两个及以上变量的两两关系，在一定程度上克服了展示多维数据的难题，在数据探索阶段具有十分重要的作用。

例如，需要分析PM2.5、PM10与NO_2数据两两之间的关系。

将"PM2.5""PM10"和"NO_2"等分别拖至行功能区和列功能区，并通过"分析"菜单下的"聚合度量"对三个度量进行解聚，如图6-4所示。

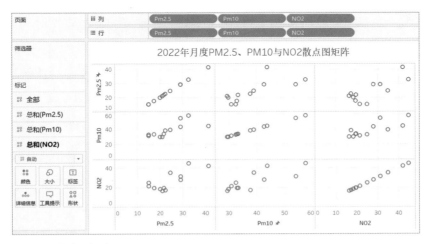

图 6-4　散点图矩阵

从图形可以看出：对角线上的散点图是一条直线，代表同一变量之间的关系，主对角线上半部分和下半部分相同，"PM2.5""PM10"和"NO$_2$"相关性较高。

6.2　回归分析

回归分析法是最基本的数据分析方法，回归预测就是利用回归分析方法，根据一个或一组自变量的变动情况预测与其相关的某随机变量的未来值。

6.2.1　回归分析及 Excel

线性回归是利用回归方程（函数）对一个或多个自变量（特征值）和因变量（目标值）之间的关系进行建模的一种分析方式。线性回归就是用一条直线较为精确地描述数据之间的关系。这样当出现新的数据的时候，就能够预测出一个简单的值。例如房屋面积和房价的预测问题。只有一个自变量的情况称为一元回归，大于一个自变量的情况称为多元回归。

多元线性回归模型是日常工作中应用频繁的模型，公式如下：

$$y = \beta_0 + \beta_1 x_1 + \beta_2 x_2 + \cdots + \beta_k x_k + \varepsilon$$

其中，$x_1, \cdots x_k$是自变量；y是因变量；β_0是截距；$\beta_1, \cdots, \beta_k$是变量回归系数；ε是误差项的随机变量。

对于误差项有如下几个假设条件：

· 误差项ε是一个期望为0的随机变量。

· 对于自变量的所有值，ε的方差都相同。

· 误差项ε是一个服从正态分布的随机变量，且相互独立。

如果想让我们的预测值尽量准确，就必须让真实值与预测值的差值最小，即让误差平方和最小，用公式来表达如下，具体推导过程可参考相关的资料。

$$J(\beta) = \sum (y - X\beta)^2$$

损失函数只是一种策略，有了策略，我们还要用适合的算法进行求解。在线性回归模型中，求解损失函数就是求与自变量相对应的各个回归系数和截距。有了这些参数，我们才能实现模型的预测（输入 x，给出 y）。

对于误差平方和损失函数的求解方法有很多，典型的如最小二乘法、梯度下降等。因此，通过以上的异同点，总结如下所述。

最小二乘法的特点：

· 得到的是全局最优解，因为一步到位，直接求极值，所以步骤简单。

· 线性回归的模型假设，这是最小二乘法的优越性前提，否则不能推出最小二乘是最佳（方差最小）的无偏估计。

梯度下降法的特点：

· 得到的是局部最优解，因为是一步一步迭代的，而非直接求得极值。

· 既可以用于线性模型，又可以用于非线性模型，没有特殊的限制和假设条件。

在回归分析过程中，还需要进行线性回归诊断，回归诊断是对回归分析中的假设以及数据的检验与分析，主要的衡量值是判定系数和估计标准误差。

（1）判定系数

回归直线与各观测点的接近程度成为回归直线对数据的拟合优度，而评判直线拟合优度需要一些指标，其中一个就是判定系数。

我们知道，因变量 y 值有来自两个方面的影响：

· 来自 x 值的影响，也就是我们预测的主要依据。

· 来自无法预测的干扰项 ε 的影响。

如果一个回归直线预测非常准确，它就需要让来自 x 的影响尽可能大，而让来自无法预测干扰项的影响尽可能小，也就是说 x 影响占比越高，预测效果就越好。下面我们来看如何定义这些影响，并形成指标。

$$SST = \sum(y_i - \bar{y})^2$$
$$SSR = \sum(\hat{y_i} - \bar{y})^2$$
$$SSE = \sum(y_i - \hat{y_i})^2$$

SST（总平方和）：变差总平方和。

SSR（回归平方和）：由 x 与 y 之间的线性关系引起的 y 变化。

SSE（残差平方和）：除 x 影响之外的其他因素引起的 y 变化。

总平方和、回归平方和、残差平方和三者之间的关系如图6-5所示。

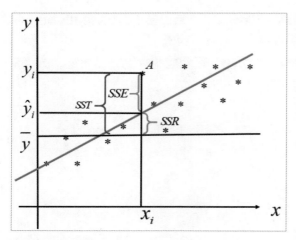

图6-5　三者的关系

　　它们之间的关系是：SSR越高，则代表回归预测越准确，观测点越靠近直线，即越大，直线拟合越好。因此，判定系数的定义就自然地引出来了，我们一般称为R^2。

$$R^2 = \frac{SSR}{SST} = 1 - \frac{SSE}{SST}$$

⭕（2）估计标准误差

　　判定系数R^2的意义是由x引起的影响占总影响的比例来判断拟合程度的。当然，我们也可以从误差的角度去评估，也就是用残差SSE进行判断。估计标准误差是均方残差的平方根，可以度量实际观测点在直线周围散布的情况。

$$S_\varepsilon = \sqrt{\frac{SSE}{n-2}} = \sqrt{MSE}$$

　　式中，n表示样本数量；MSE表示标准误差。

　　估计标准误差与判定系数相反，S_ε反映了预测值与真实值之间误差的大小。误差越小，就说明拟合度越高；相反，误差越大，就说明拟合度越低。

　　线性回归主要用来解决连续性数值预测的问题，它目前在经济、金融、社会、医疗等领域都有广泛的应用，例如我们要研究有关吸烟对死亡率和发病率的影响等。此外，还在以下诸多方面得到了很好的应用。

　　·客户需求预测：通过海量的买家和卖家交易数据等，对未来商品的需求进行预测。

·电影票房预测：通过历史票房数据、影评数据等公众数据，对电影票房进行预测。

·湖泊面积预测：通过研究湖泊面积变化的多种影响因素，构建湖泊面积预测模型。

·房地产价格预测：利用相关历史数据分析影响商品房价格的因素并进行模型预测。

·股价波动预测：公司在搜索引擎中的搜索量代表了该股票被投资者关注的程度。

·人口增长预测：通过历史数据分析影响人口增长的因素，对未来人口数进行预测。

线性回归通过规定因变量和自变量来确定变量之间的因果关系，建立回归模型，并根据实测数据来求解模型的各个参数，然后评价回归模型是否能够很好地拟合实测数据，如果能够很好地拟合，就可以根据自变量进行进一步的预测，否则需要优化模型或者更换模型。

回归分析的建模过程比较简单，主要步骤如下：

① 确定变量。明确预测的具体目标，也就确定了因变量，例如预测具体目标是下一年度的销售量，那么销售量 Y 就是因变量。通过市场调查和查阅资料，寻找与预测目标的相关影响因素，即自变量，并从中选出主要的影响因素。

② 建立预测模型。依据自变量和因变量的历史统计资料进行计算，在此基础上建立回归分析方程，即回归分析预测模型。

③ 进行相关分析。回归分析是对具有因果关系的影响因素（自变量）和预测对象（因变量）所进行的数理统计分析处理。只有当自变量与因变量确实存在某种关系时，建立的回归方程才有意义，因此，作为自变量的因素与作为因变量的预测对象是否有关、相关程度如何，以及判断这种相关程度的把握性多大，就成为进行回归分析必须解决的问题。进行相关分析时，一般要求出相关系数，其大小用来判断自变量和因变量的相关程度。

④ 计算预测误差。回归预测模型是否可用于实际预测，取决于对回归预测模型的检验和对预测误差的计算。回归方程只有通过各种检验，且预测误差较小，才能将回归方程作为预测模型进行预测。

⑤ 确定预测值。利用回归预测模型计算预测值，并对预测值进行综合分析，从而确定最后的预测值。

回归分析的注意事项：

·应用回归预测法时应首先选择合适的变量数据资料，并判断变量间的依存关系。

·确定变量之间是否存在相关关系，如果不存在，就不能应用回归进行分析。

·避免预测数值错误外推，即根据一组观测值来计算观测范围以外同一对象的值。

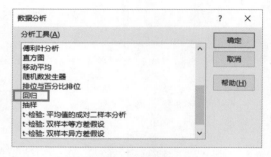

图6-6　用分析工具进行回归分析

在Excel中可以使用数据分析工具进行线性回归分析，在"数据分析"选项，找到"回归"，然后单击"确定"按钮，如图6-6所示，最后添加相关指标数据即可。

6.2.2　Tableau 回归分析

在Tableau创建散点图之后，可以通过添加趋势线对存在相关关系的变量进行回归分析，拟合其回归直线。在向视图添加趋势线时，Tableau将构建一个回归模型，即趋势线模型。截至目前，Tableau内置了线性、对数、指数、多项式和幂等5种趋势线模型。

① 线性：回归方程是线性函数关系$y = a+bx_1+cx_2+\cdots$。

② 对数：回归方程是对数函数关系$y = \log_a x$。

③ 指数：回归方程是指数函数关系$y = a\hat{\ }x$。

④ 多项式：回归方程是多项式函数关系$y=a+bx+cx\hat{\ }2+dx\hat{\ }3+\cdots$。

⑤ 幂：回归方程是幂函数关系$y=x\hat{\ }a$。

例如，需要对"门店A销售额"与"门店A利润额"两个变量进行回归分析。

（1）构建回归模型

将"PM2.5"与"PM10"分别拖至行功能区和列功能区，然后通过菜单栏"分析"下的"聚合度量"对变量进行解聚，生成简单散点图。

在Tableau中，为散点图添加趋势线有两种方法。

方法1：在散点图上单击鼠标右键，选择"趋势线"下的"显示趋势线"，注意默认构建线性回归模型，如图6-7所示。

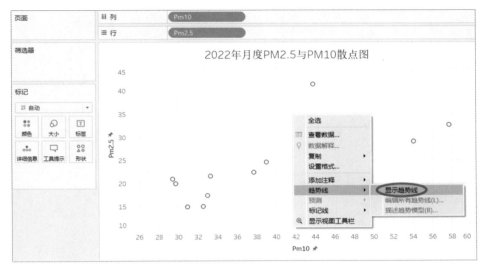

图 6-7   "显示趋势线"

方法2：拖放"分析"窗口中的"趋势线"到右侧视图中，可以选择构建模型的类型，有线性、对数、指数、多项式、幂等5类，如图6-8所示。

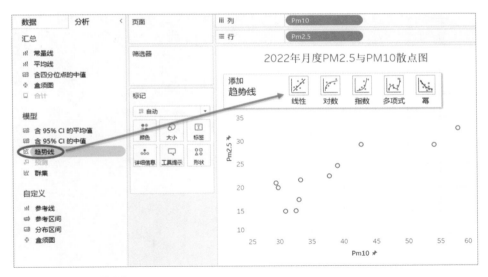

图 6-8   拖放"趋势线"

通过模型比较，发现"多项式"模型的拟合效果最好。生成趋势线后将鼠标悬停在趋势线上，这时可以查看趋势线方程和模型的拟合情况，如图6-9所示。

从图6-9可以看出，拟合的线性回归方程为：

109

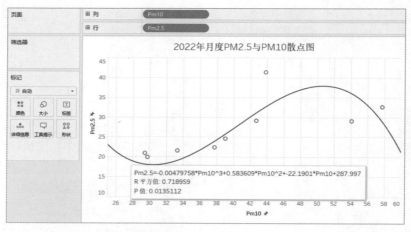

图 6-9 "多项式"模型的拟合情况

PM2.5＝－0.00479758*PM10^3＋0.583609*PM10^2－22.1901*PM10＋287.997

R 平方值 0.718959，显著性 P 值为 0.0135112。

（2）优化回归模型

在视图上单击鼠标右键，选择"趋势线"下的"编辑所有趋势线"选项，Tableau 弹出"趋势线选项"页面，此时可以重新选择趋势线的类型等，如图 6-10 所示。

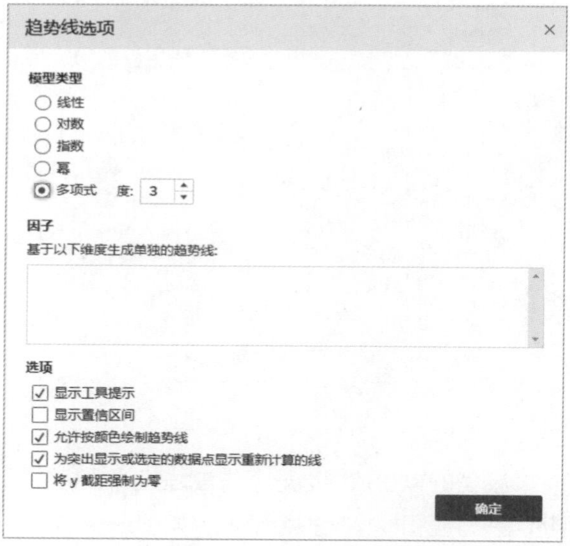

图 6-10 趋势线类型

在"趋势线选项"页面，我们可以选择"线性""对数""指数""幂"和"多项式"等模型。如果需要绘制多条趋势线，可以设置"允许按颜色绘制趋势线"。"显示置信区间"会显示上95%和下95%的置信区间线。如果需要让趋势线从原点开始，可以设置"将y截距强制为零"。

（3）评估回归模型

添加趋势线后，如果想查看模型的拟合优度，我们只需在视图中右击鼠标，选择"趋势线"下的"描述趋势模型"选项，打开"描述趋势模型"页面，趋势线模型评价信息如图6-11所示。

通过图6-11中的各个统计量，获取模型的主要评估信息如下：

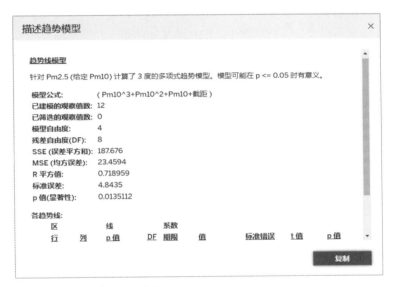

图6-11 趋势线模型评价信息

① 模型自由度。即指定模型所需的参数个数，这里线性趋势的模型自由度为4。

② R平方值。模型的拟合优度度量，用于评价模型的可靠性，数值大小可以反映趋势线的估计值与对应的实际数据之间的拟合程度，取值范围为0到1。该模型的R平方值为0.718959，表明模型可以解释门店A利润额71.8959%的方差。

③ P值（显著性）。模型显著性P值越小代表模型的显著性越高，该模型值的P值为0.0135112，小于显著水平0.05，说明该模型具有统计显著性，回归系数显著。

6.3 聚类分析

聚类分析是根据"物以类聚"的道理，对样品或指标进行分类的一种多元统计分析方法，要求能合理地按各自的特性进行合理的分类，没有任何模式可供参考或依循，主要有K均值聚类、系统聚类等。Tableau嵌入的聚类模型是K均值聚类算法。

6.3.1 K-Means 聚类分析

聚类分析是一种探索性的分析，在分类的过程中，人们不必事先给出一个分类的标准，聚类分析能够从样本数据出发，自动进行分类。聚类分析是根据事物本身的特性研究个体的一种方法，目的在于将相似的事物归类。它的原则是同一类中的个体有较大的相似性，不同类别之间的个体差异性很大。聚类算法的特征：

· 适用于没有先验知识的分类。如果没有这些事先的经验或一些国际标准、国内标准、行业标准，分类便会显得随意和主观。这时只要设定比较完善的分类变量，就可以通过聚类分析得到较为科学合理的类别。

· 可以处理多个变量决定的分类。例如，根据消费者购买量的大小进行分类比较容易，但如果在进行数据挖掘时，要求根据消费者的购买量、家庭收入、家庭支出、年龄等多个指标进行分类，通常比较复杂，而聚类分析法可以解决这类问题。

· 是一种探索性分析方法，能够分析事物的内在特点和规律，并根据相似性原则对事物进行分组，是数据挖掘中常用的一种技术。

聚类分析被应用于很多方面，在商业上，聚类分析被用来发现不同的客户群，并且通过购买模式刻画不同的客户群特征；在生物领域，聚类分析被用来对动植物进行分类和对基因进行分类，获取对种群固有结构的认识；在保险行业上，聚类分析通过一个高的平均消费来鉴定汽车保险单持有者的分组，同时根据住宅类型、价值、地理位置来鉴定一个城市的房产分组；在互联网应用上，聚类分析被用来在网上进行文档归类来修复信息。

聚类分析的建模一般步骤如下所述。

① 数据预处理。数据预处理包括选择数量、类型和特征的标度，它依靠特征选择和特征抽取；特征选择是选择重要的特征；特征抽取是把输入的特征转化为一个新的显著特征，它们经常被用来获取一个合适的特征集来为避免"维数灾"进行聚类。数据预处理还包括将孤立点移出数据，孤立点是不依附于一般数

据行为或模型的数据，因此孤立点经常会导致有偏差的聚类结果，为了得到正确的聚类，我们必须将它们剔除。

② 为衡量数据点间的相似度定义一个距离函数。既然相似性是定义一个类的基础，那么不同数据之间在同一个特征空间相似度的衡量对于聚类步骤是很重要的。由于特征类型和特征标度的多样性，距离度量必须谨慎，它经常依赖于应用。例如，通常通过定义在特征空间的距离度量来评估不同对象的相异性，很多距离度量都应用在一些不同的领域，一个简单的距离度量，如欧氏距离，经常被用作反映不同数据间的相异性。

常用来衡量数据点间的相似度的距离有海明距离、欧氏距离、马氏距离等，公式如下。

海明距离：

$$d(x_i, x_j) = \sum_{k=1}^{m} |x_{ik} - x_{jk}|$$

欧氏距离：

$$d(x_i, x_j) = \sqrt{\sum_{k=1}^{m} (x_{ik} - x_{jk})^2}$$

马氏距离：

$$d(x_i, x_j) = (x_i - x_j)^T \Sigma^{-1} (x_i - x_j)$$

③ 聚类或分组。将数据对象分到不同的类中是一个很重要的步骤，数据基于不同的方法被分到不同的类中。划分方法和层次方法是聚类分析的两个主要方法。划分方法一般从初始划分和最优化一个聚类标准开始，主要方法包括：

· Crisp Clustering，它的每个数据都属于单独的类。

· Fuzzy Clustering，它的每个数据都可能在任何一个类中。

Crisp Clustering和Fuzzy Clustering是划分方法的两个主要技术。划分方法聚类是基于某个标准产生一个嵌套的划分系列，它可以度量不同类之间的相似性或一个类的可分离性，用来合并和分裂类。其他的聚类方法还包括基于密度的聚类、基于模型的聚类、基于网格的聚类。

④ 评估输出。评估聚类结果的质量是另一个重要的阶段，聚类是一个无管理的程序，也没有客观的标准来评价聚类结果，它是通过一个类的有效索引来评价的。一般来说，几何性质包括类之间的分离和类自身内部的耦合，一般都用来评价聚类结果的质量。

K-Means 聚类算法是比较常用的聚类算法，容易理解和实现相应功能的代码。

首先，我们要确定聚类的数量，并随机初始化它们各自的中心点，然后通过算法实现最优。K-Means算法的逻辑如下：

·通过计算当前点与每个类别的中心之间的距离，对每个数据点进行分类，然后归到与之距离最近的类别中。

·基于迭代后的结果，计算每一类内全部点的坐标平均值（即质心），作为新类别的中心。

·迭代重复以上步骤，或者直到类别的中心点坐标在迭代前后变化不大。

K-Means的优点是模型执行速度较快，因为我们真正要做的就是计算点和类别的中心之间的距离，因此，它具有线性复杂性 $o(n)$。另一方面，K-Means有两个缺点：一个是先确定聚类的簇数量；另一个是随机选择初始聚类中心点坐标。

利用Python等工具绘制数据集的散点图，从图形可以看出数据集可以分为3类，即K为3。绘制基于K-Means聚类结果的散点图，如图6-12所示。

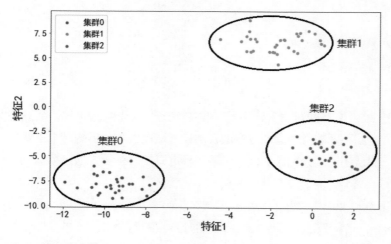

图6-12　散点图

6.3.2　Tableau 聚类分析

⬤（1）构建聚类模型

下面以2022年上海市空气质量数据为例，对PM2.5和PM10数据进行聚类分析。

拖放"分析"窗口中的"群集"到右侧视图中，在视图的左上方会显示创建群集的信息，如图6-13所示。

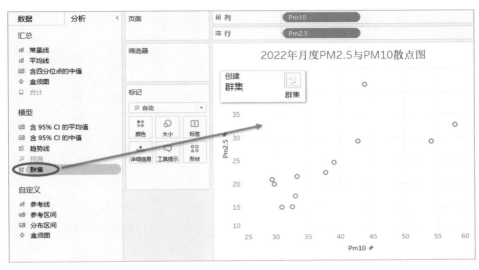

图6-13　创建群集

根据绘制的散点图可以看出，分为2类比较合适，因此在弹出的"群集"对话框中的"群集数"中输入2，或者默认"自动"。

在"群集"下拉框中，选择"编辑群集"选项，Tableau会弹出如图6-14所示的"群集"页面，我们可以添加聚类变量和修改聚类数。

将生成的"群集"字段添加到"标记"卡上的"标签"和"形状"控件，然后，对视图进行适当的美化，聚类分析的结果如图6-15所示。

图6-14　设置和编辑群集

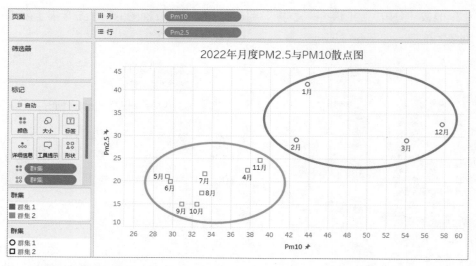

图 6-15　聚类分析的结果

●（2）描述聚类模型

在"群集"下拉框中，选择"描述群集"选项，Tableau会弹出"描述群集"页面，其中在"摘要"选项卡中，描述已创建的预测模型，包括"要进行聚类分析的输入""汇总诊断"等，如图6-16所示。

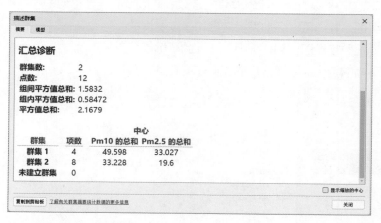

图 6-16　"摘要"选项卡

在"模型"选项卡中，Tableau提供了方差分析的统计信息，包含"变量""F-统计数据""p值""模型平方值总和"和"错误平方值总和"，及其自由度等，如图6-17所示。

116

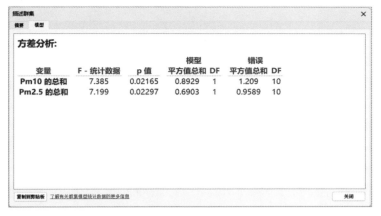

图 6-17 "模型"选项卡

6.4 时间序列分析

时间序列分析是根据过去的变化预测未来的发展,前提是假定事物的过去延续到未来。时间序列分析,正是根据客观事物发展的连续规律性,运用过去的历史数据,通过统计分析,进一步推测未来的发展趋势。

6.4.1 时间序列分析及 Excel

时间序列分析是根据观测到的时间序列数据,通过曲线拟合和参数估计来建立数学模型的理论和方法。时间序列分析常用在国民经济宏观控制、区域综合发展规划、企业经营管理、市场潜量预测、气象预报、水温预报、地震前兆预报、农作物病虫灾害预报、环境污染控制等方面。

时间序列的数据变动存在着规律性与不规律性。时间序列中的每个观察值大小都是影响变化的各种不同因素在同一时刻发生作用的综合结果。从这些影响因素发生作用的大小和方向变化的时间特性来看,这些因素造成的时间序列数据的变动分为4种类型。

·趋势性:某个变量随着时间进展或自变量变化,呈现一种比较缓慢而长期的持续上升、下降或停留的同性质变动趋向,但变动幅度可能不相等。

·周期性:某个因素由于外部的影响,随着自然季节的交替出现高峰与低谷的规律。

· 随机性：个别为随机变动，整体呈现统计规律。

· 综合性：实际变化情况是几种变动的叠加或组合。预测时设法过滤不规则变动，突出反映趋势性和周期性变动。

时间序列的主要应用是对经济进行预测，预测主要以连续性原理作为依据。连续性原理是指客观事物的发展具有合乎规律的连续性，事物发展是按照它本身固有的规律进行的。在一定条件下，只要规律赖以发生作用的条件不产生质的变化，事物的基本发展趋势在未来就还会延续下去。

时间序列预测就是利用统计技术与方法，从预测指标的时间序列中找出演变模式，建立数学模型，对预测指标的未来发展趋势作出定量估计。

例如，某一城市从2013—2022年，每年参加体育锻炼的人口数排列起来共有10个数据（构成一个时间序列）。我们希望用某个数学模型，根据这10个历史数据来预测1995年或以后若干年中每年的体育锻炼人数是多少，以便该城市领导人制订一个有关体育健身的发展战略或整个工作计划。

收集历史资料并加以整理，编成时间序列，根据时间序列绘成统计图。时间序列分析通常是把各种可能发生作用的因素进行分类，传统的分类方法是按各种因素的特点或影响效果分为4大类：长期趋势、季节变动、循环变动、不规则变动。

时间序列中的每一时期的数值都是由许许多多不同的因素同时发生作用后的综合结果。

求时间序列的长期趋势（T）、季节变动（s）和不规则变动（I）的值，并选定近似的数学模式来代表它们。对于数学模式中的诸多未知参数，可使用合适的技术方法求出其值。

利用时间序列资料求出长期趋势、季节变动和不规则变动的数学模型后，就可以利用它来预测未来的长期趋势值T和季节变动值s，在可能的情况下，预测不规则变动值I，然后用以下模式计算出未来的时间序列预测值Y。

加法模式：$T+S+I=Y$。

乘法模式：$T \times S \times I = Y$。

如果不规则变动的预测值较难求得，那么可以只求长期趋势和季节变动的预测值，以两者相乘之积或相加之和为时间序列的预测值。如果经济现象本身没有季节变动或不需要预测分季分月的资料，长期趋势的预测值就是时间序列的预测值，即$T=Y$。

时间序列中各项数据具有可比性，是编制时间序列的基本原则。此外，时间序列预测值只能反映未来的发展趋势，即使是很准确的趋势线，在按时间顺序的观察方面所起的作用，本质上也只是一个平均数的作用，实际值将围绕着它上下波动。

时间序列分解图通过使用季节趋势分解了解时间序列的组成部分。

时间序列有以下构成要素。

·长期趋势：现象在较长时期内受某种根本性因素作用而形成的总的变动趋势。

·季节变动：现象在一年内随着季节的变化而发生的有规律的周期性变动。

·循环变动：现象以若干年为周期所呈现出的波浪起伏形态的有规律的变动。

·不规则变动：是一种无规律可循的变动，包括严格的随机变动和不规则的突发性影响很大的变动两种类型。

时间序列预测图（time series forecasting chart）使用指数平滑模型根据先前观察到的数值预测未来的值，使用今天的预测为明天进行优化。时间序列预测是使用模型根据先前观察到的数值预测未来的值。

时间序列模型是任何商务分析师用来预测需求和库存、预算、销售配额、营销活动和采购的主要工具之一。准确的预测可以作出更好的决策，该预测基于趋势和季节性模型，可以控制算法参数和视觉属性以适合需求。

6.4.1.1 移动平均法及案例

Excel中的移动平均功能是一种简单的平滑预测技术，它可以平滑数据，消除数据的周期变动和随机变动的影响，显示出事件的发展方向与趋势。具体而言，它的计算方法是根据时间序列资料计算包含某几个项数的平均值，反映数据的长期趋势方向的方法。

移动平均法是一种简单平滑预测技术，它的基本思想是：根据时间序列资料、逐项推移，依次计算包含一定项数的序时平均值，以反映长期趋势的方法。因此，当时间序列的数值由于受周期变动和随机波动的影响，起伏较大，不易显示出事件的发展趋势时，使用移动平均法可以消除这些因素的影响，显示出事件的发展方向与趋势（即趋势线），然后依趋势线分析预测序列的长期趋势。

⦿（1）简单移动平均法

设有一时间序列 y_1，y_2，…，y_t，…，按照数据集的顺序逐点推移求出 N 个数的平均数，即可得到一次移动平均数：

$$M_t^{(1)} = \frac{y_t + y_{t-1} + \cdots + y_{t-N-1}}{N} = M_{t-1}^{(1)} + \frac{y_t - y_{t-N}}{N}$$

其中，t 需要大于等于 N；$M_t^{(1)}$ 为第 t 周期的一次移动平均数；y_t 为第 t 周期的观测值；N 为移动平均的项数，即求每一移动平均数使用的观察值的个数。

这个公式表明当 t 向前移动一个时期，就增加一个新近数据，去掉一个远期数据，得到一个新的平均数。由于它不断地"吐故纳新"，逐期向前移动，所以称为移动平均法。

由于移动平均可以平滑数据，消除周期变动和不规则变动的影响，使得长期趋势显示出来，因而可以用于预测。其预测公式为

$$\hat{y}_{t+1} = M_t^{(1)}$$

即以第 t 周期的一次移动平均数作为第 $t+1$ 周期的预测值。

⊙（2）趋势移动平均法

当时间序列没有明显的趋势变动时，使用一次移动平均就能够准确地反映实际情况，直接用第 t 周期的一次移动平均数就可预测第 $t+1$ 周期之值。但当时间序列出现线性变动趋势时，用一次移动平均数来预测就会出现滞后偏差。因此，需要进行修正，修正的方法是在一次移动平均的基础上再作二次移动平均，利用移动平均滞后偏差的规律找出曲线的发展方向和发展趋势，然后才建立直线趋势的预测模型，故称为趋势移动平均法。

设一次移动平均数为 $M_t^{(1)}$，则二次移动平均数 $M_t^{(2)}$ 的计算公式为

$$M_t^{(2)} = \frac{M_t^{(1)} + M_{t-1}^{(1)} + \cdots + M_{t-N+1}^{(1)}}{N} = M_{t-1}^{(2)} + \frac{M_t^{(1)} - M_{t-N}^{(1)}}{N}$$

再设时间序列 y_1，y_2，$\cdots$，y_t，$\cdots$，从某时期开始具有直线趋势，且认为未来时期亦按此直线趋势变化，则可设此直线趋势预测模型为

$$\hat{y}_{t+T} = a_t + b_t T$$

式中，t 为当前时期数；T 为由当前时期数 t 到预测期的时期数，即 t 以后模型外推的时间；$\hat{y}_{t+T}$ 为第 $t+T$ 期的预测值；a_t 为截距；b_t 为斜率，a_t 和 b_t 又称为平滑系数。

根据移动平均值可得截距 a_t 和斜率 b_t 的计算公式为

$$a_t = 2M_t^{(1)} - M_t^{(2)}$$

$$b_t = \frac{2(M_t^{(1)} - M_t^{(2)})}{N-1}$$

120

在实际应用移动平均法时，移动平均项数N的选择十分关键，它取决于预测目标和实际数据的变化规律。

（3）利用移动平均法预测2022年企业销售额

已知某企业2010年至2021年的年度销售额如图6-18（a）所示（单位：百万元），试用Excel预测2022年该企业的销售额。

操作步骤如下：

依次选择【数据】|【分析】|【数据分析】，然后单击"移动平均"选项，如图6-18（b）所示。单击"确定"按钮，这时将弹出"移动平均"对话框。

年份	销售额
2010	73.7
2011	75.9
2012	83.6
2013	80.3
2014	86.9
2015	92.4
2016	94.6
2017	95.7
2018	101.2
2019	104.5
2020	111.1
2021	117.7

(a)   (b)

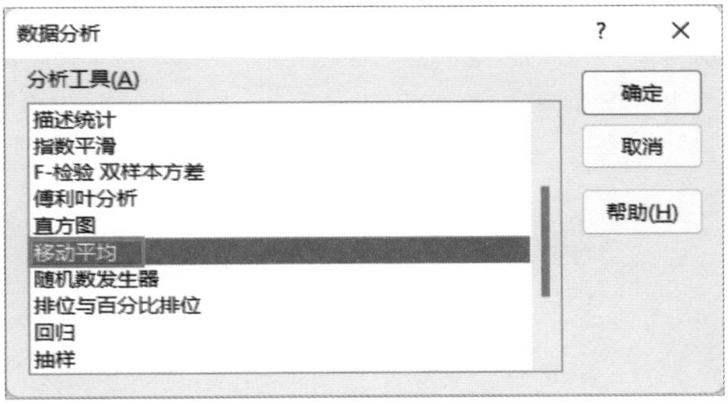

图6-18 某企业年度销售额（a）和移动平均分析工具（b）

在输入框中指定输入参数。在"输入区域"框中指定统计数据所在区域"$B$1:$B$13"；因指定的输入区域包含标志行（即变量名称），所以选中"标志位于第一行"复选框；在"间隔"框内键入移动平均的项数3，这需要根据数据的变化规律，本案例选取移动平均项数N=3。

在输出选项框内指定输出选项。可以选择输出到当前工作表的某个单元格区域、新工作表或是新工作簿。本例选定输出区域，并键入输出区域左上角单元格地址"$C$2"；选中"图表输出"复选框。如果需要输出实际值与一次移动平均值之差，还可以选中"标准误差"复选框，如图6-19所示。

单击"确定"按钮，这时Excel给出一次移动平均的计算结果及实际值与一次移动平均值的曲线图。

从图形可以看出，该商场的年销售额具有明显的线性增长趋势。因此要进行预测，还必须先作二次移动平均，再建立直线趋势的预测模型。

而利用Excel提供的移动平均工具只能作一次移动平均，所以在一次移动平

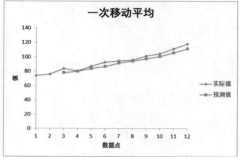

图 6-19　移动平均设置及得到的曲线图

均的基础上再进行移动平均即可，如图 6-20 所示。

二次移动平均的方法同上，求出的二次移动平均值及实际值与二次移动平均值的拟合曲线，如图 6-21 所示。

再利用前面所讲的截距 a_t 和斜率 b_t 计算公式可得：

年份	销售额	一次移动平均
2010	73.7	#N/A
2011	75.9	#N/A
2012	83.6	77.73
2013	80.3	79.93
2014	86.9	83.60
2015	92.4	86.53
2016	94.6	91.30
2017	95.7	94.23
2018	101.2	97.17
2019	104.5	100.47
2020	111.1	105.60
2021	117.7	111.10

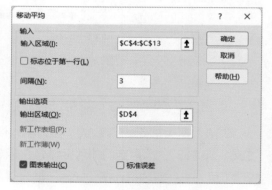

图 6-20　二次移动平均设置

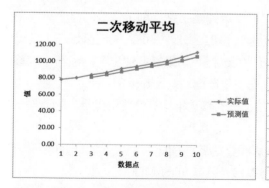

图 6-21　二次移动平均拟合曲线

年份	销售额	一次移动平均	二次移动平均
2010	73.7	#N/A	
2011	75.9	#N/A	
2012	83.6	77.73	#N/A
2013	80.3	79.93	#N/A
2014	86.9	83.60	80.42
2015	92.4	86.53	83.36
2016	94.6	91.30	87.14
2017	95.7	94.23	90.69
2018	101.2	97.17	94.23
2019	104.5	100.47	97.29
2020	111.1	105.60	101.08
2021	117.7	111.10	105.72

$$a_{12} = 2M_{12}^{(1)} - M_{12}^{(2)} = 2 \times 111.10 - 105.72 = 116.48$$

$$b_{12} = \frac{2(M_{12}^{(1)} - M_{12}^{(2)})}{3-1} = 111.10 - 105.72 = 5.38$$

于是可得$t=12$时的直线趋势预测模型为

$$\hat{y}_{12+T} = 116.48 + 5.38T$$

预测2022年该企业的年销售额为

$$\hat{y}_{2022} = \hat{y}_{12+T} = 116.48 + 5.38 = 121.86$$

6.4.1.2　指数平滑法及案例

指数平滑法是布朗最先提出，他认为时间序列的态势具有稳定性或规则性，所以时间序列可被合理地顺势推延。布朗认为最近的过去态势在某种程度上会持续到最近的未来，所以将较大的权数放在最近的资料。

指数平滑法是生产预测中常用的一种方法。简单的全期平均法是对时间数列的过去数据一个不漏地全部加以同等利用；移动平均法则不考虑较远的数据，并在加权移动平均法中给予近期资料更大的权重；而指数平滑法则兼容了全期平均和移动平均所长，不舍弃过去的数据，但是仅给予逐渐减弱的影响程度，即随着数据的远离，赋予逐渐收敛为零的权数。

也就是说，指数平滑法是在移动平均法的基础上发展起来的一种时间序列分析预测法，它是通过计算指数平滑值，配合一定的时间序列预测模型对现象的未来进行预测的。其原理是任一期的指数平滑值都是本期实际观察值与前一期指数平滑值的加权平均。

按照模型参数的不同，指数平滑的形式可以分为一次指数平滑法、二次指数平滑法、三次指数平滑法。其中，一次指数平滑法针对没有趋势和季节性的序列，二次指数平滑法针对有趋势但是没有季节特性的时间序列，三次指数平滑法则可以预测具有趋势和季节性的时间序列，holt-winter指的是三次指数平滑，这里我们主要介绍一次指数平滑法。

⭕ （1）一次指数平滑法

一次指数平滑法根据本期的实际值和预测值，并借助于平滑系数（α）进行加权平均计算，预测下一期的值。它是对时间序列数据给予加权平滑，从而获得其变化规律与趋势。

Excel中的指数平滑法需要使用阻尼系数（β），阻尼系数越小，近期实际值对预测结果的影响越大；反之，阻尼系数越大，近期实际值对预测结果的影响越小。

α——平滑系数（$0 \leq \alpha \leq 1$）；

β——阻尼系数（$0 \leq \beta \leq 1$），$\beta = 1 - \alpha$。

在实际应用中，阻尼系数是根据时间序列的变化特性来选取的。

➤ 若时间序列数据的波动不大，比较平稳，则阻尼系数应取小一些，如$0.1 \sim 0.3$。

➤ 若时间序列数据具有迅速且明显的变动倾向，则阻尼系数应取大一些，如$0.6 \sim 0.9$。

根据具体时间序列数据情况，我们可以大致确定阻尼系数（β）的取值范围，然后分别取几个值进行计算，比较不同值（阻尼系数）下的预测标准误差，选取预测标准误差较小的那个预测结果即可。

指数平滑法公式如下：

$$S_t = \alpha X_{t-1} + (1-\alpha)S_{t-1} = (1-\beta)X_{t-1} + \beta S_{t-1}$$

式中　S_t——时间t的平滑值；

　　　X_{t-1}——时间$t-1$的实际值；

　　　S_{t-1}——时间$t-1$的平滑值；

　　　α——平滑系数；

　　　β——阻尼系数。

● （2）二次指数平滑法

二次指数平滑法保留了平滑信息和趋势信息，使得模型可以预测具有趋势的时间序列。二次指数平滑法有两个等式和两个参数：

$$s_i = \alpha x_i + (1-\alpha)(s_{i-1} + t_{i-1})$$
$$t_i = \beta(s_i - s_{i-1}) + (1-\beta)t_{i-1}$$

式中，t_i代表平滑后的趋势，当前趋势的未平滑值是当前平滑值s_i和上一个平滑值s_{i-1}的差；s_i为当前平滑值，是在一次指数平滑的基础上加入了上一步的趋势信息t_{i-1}。利用这种方法进行预测，就取最后的平滑值，然后每增加一个时间步长，就在该平滑值上增加一个t_i：

$$x_{i+h} = s_i + h t_i$$

式中，h 表示需要预测的未来时间点的数量。在计算的形式上，这种方法与三次指数平滑法类似。因此，二次指数平滑法也被称为无季节性的holt-winter平滑法。

 （3）holt-winter 指数平滑法

三次指数平滑法相比二次指数平滑增加了第三个量来描述季节性。累加式季节性对应的等式为

$$s_i = \alpha(x_i - p_{i-k}) + (1-\alpha)(s_{i-1} + t_{i-1})$$
$$t_i = \beta(s_i - s_{i-1}) + (1-\beta)t_{i-1}$$
$$p_i = \gamma(x_i - s_i) + (1-\gamma)p_{i-k}$$
$$x_{i+h} = s_i + ht_i + p_{i-k+h}$$

累乘式季节性对应的等式为

$$s_i = \alpha \frac{x_i}{p_{i-k}} + (1-\alpha)(s_{i-1} + t_{i-1})$$
$$t_i = \beta(s_i - s_{i-1}) + (1-\beta)t_{i-1}$$
$$p_i = \gamma \frac{x_i}{s_i} + (1-\gamma)p_{i-k}$$
$$x_{i+h} = s_i + ht_i + p_{i-k+h}$$

其中，p_i 为周期性的分量，代表周期的长度；x_{i+h} 为模型预测的等式；γ 为季节平滑系数。

截至目前，指数平滑法已经在零售、医疗、消防、房地产和民航等行业得到了广泛应用，例如对于商品零售，可以利用二次指数平滑系数法优化马尔科夫预测模型等。

 （4）利用指数平滑法预测 2022 年企业销售额

下面还是使用上述企业2010年至2021年的年度销售额，使用指数平滑法预测2022年该企业的销售额。

依次选择【数据】|【分析】|【数据分析】，然后单击"指数平滑"选项。单击"确定"按钮，这时将弹出"指数平滑"对话框，如图6-22所示。

输入设置如下所述。

输入区域：本例数据源为 \$B\$1:\$B\$13。

阻尼系数：阻尼系数=1-平滑系数，本例填写阻尼系数=0.1，意味着平滑系数为0.9。

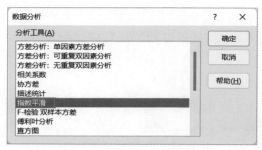

图 6-22 指数平滑设置

标志：本例中选择"标志"。

输出选项如下所述。

输出区域：本例将结果输出至当前工作表的 $C$2 单元格。

图表输出：输出由实际数据和指数平滑数据形成的折线图，选择"图表输出"。

标准误差：实际数据与预测数据（指数平滑数据）的标准差，用以显示预测值与实际值的差距，这个数据越小则表明预测数据越准确。

单击"确定"按钮，即可完成。公式往下拉就可以得到预测结果，如图 6-23 所示。

年份	销售额	α=0.9	标准误差
2010	73.7	#N/A	#N/A
2011	75.9	73.70	#N/A
2012	83.6	75.68	#N/A
2013	80.3	82.81	#N/A
2014	86.9	80.55	4.9617
2015	92.4	86.27	6.0368
2016	94.6	91.79	5.2990
2017	95.7	94.32	5.3499
2018	101.2	95.56	3.9775
2019	104.5	100.64	3.7244
2020	111.1	104.11	4.0260
2021	117.7	110.40	5.6429
2022		116.97	6.2452

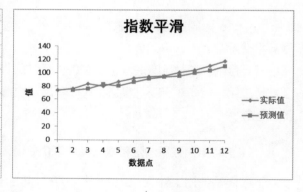

图 6-23 销售额预测

一次指数平滑的预测值 = 上一期的实际值 × 平滑系数 + 上一期的预测值 × 阻尼系数。

可知：2022 年的销售额预测值 C14 = 0.9×B13+0.1×C13 = 116.97。

为了验证平滑系数为 0.9 是否是最优，这里还绘制了平滑系数为 0.8、0.7 等情况下的预测值，从图 6-24 可知，在平滑系数为 0.9（即阻尼系数为 0.1）时，标准误差最小。

年份	销售额	α=0.9	标准误差	α=0.8	标准误差	α=0.7	标准误差
2010	73.7	#N/A	#N/A	#N/A	#N/A	#N/A	#N/A
2011	75.9	73.70	#N/A	73.70	#N/A	73.70	#N/A
2012	83.6	75.68	#N/A	75.46	#N/A	75.24	#N/A
2013	80.3	82.81	#N/A	81.97	#N/A	81.09	#N/A
2014	86.9	80.55	4.9617	80.63	4.9630	80.54	5.0119
2015	92.4	86.27	6.0368	85.65	6.0087	84.99	6.0827
2016	94.6	91.79	5.2990	91.05	5.4055	90.18	5.6568
2017	95.7	94.32	5.3499	93.89	5.7000	93.27	6.1895
2018	101.2	95.56	3.9775	95.34	4.5273	94.97	5.1749
2019	104.5	100.64	3.7244	100.03	4.0925	99.33	4.6274
2020	111.1	104.11	4.0260	103.61	4.3834	102.95	4.8782
2021	117.7	110.40	5.6429	109.60	6.0700	108.65	6.6315
2022		116.97	6.2452	116.08	6.8741	114.99	7.6367

图 6-24　设置不同平滑系数

6.4.2　Tableau 时间序列分析

Tableau内嵌了对周期性波动数据的预测功能，可以分析数据规律、自动拟合、预测未来数据等，同时还可以对预测模型的参数进行调整，评价预测模型的精确度等。

但是，Tableau嵌入的预测模型主要考虑数据本身的变化特征，无法考虑外部影响因素，因此适用于存在明显周期波动特征的时间序列数据。

◯ （1）建立时间序列模型

时间序列图是一种特殊的折线图，以时间作为横轴，纵轴是不同时间点上变量的数值，它可以帮助我们直观地了解数据的变化趋势和季节变化规律。时间单位可以是年、季度、月、日，也可以是小时、分钟等。

下面以2022年上海空气PM2.5浓度数据为例，创建PM2.5浓度的时间序列图。

将"PM2.5"拖放到行功能区，将"日期"字段拖放到列功能区，并单击右键，在弹出的下拉框中选择"天"，切换日期字段的级别，即显示2022年PM2.5浓度的时间序列图，如图6-25所示。

◯ （2）时间序列预测

Tableau嵌入了"指数平滑"的预测模型，即基于历史数据引入一个简化的加权因子——平滑系数，以迭代的方式预测未来一定周期内的变化趋势。

该方法之所以称为指数平滑法，是因为每个级别的值都受到前一个实际值的影响，且影响程度呈指数下降，即数值离现在越近权重就越大。

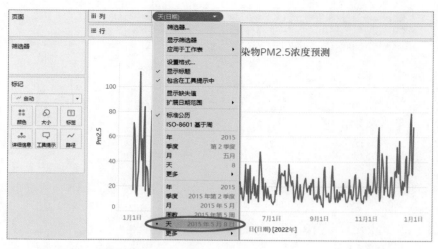

图 6-25　切换日期字段的级别

　　通常，时间序列中的数据点越多，所产生的预测就越准确。如果要进行季节性建模，那么需要具有足够的数据，因为模型越复杂，就需要越多的数据进行训练。

　　截至目前，Tableau有3种方式生成预测曲线。

　　方法1：菜单栏【分析】|【预测】|【显示预测】。

　　方法2：在视图上任意一点单击鼠标右键，选择【预测】|【显示预测】。

　　方法3：拖放"分析"窗口中的"预测"模型到视图中。

　　在视图中预测值显示在历史实际值的右侧，并以其他颜色显示，如图6-26所示。

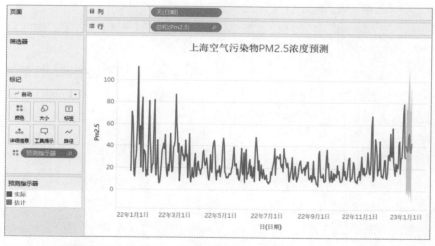

图 6-26　创建预测曲线

（3）优化预测模型

Tableau默认的预测模型可能不是最优的。可以通过依次单击菜单栏【分析】|【预测】|【预测选项】选项，打开"预测选项"页面，查看Tableau默认的模型类型和预测选项并进行适当的修改，如图6-27所示。

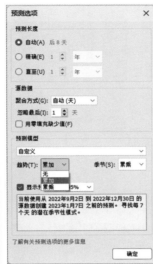

图6-27 修改预测选项

预测选项的设置包括以下选项：

① 预测长度。该选项用于确定预测未来时间的长度，包括"自动""精确"和"直至"3个选项。

② 源数据。该选项用于指定数据的聚合、期数选取和缺失值处理方式，包括"聚合方式""忽略最后"和"用零填充缺少值"3个选项。

③ 预测模型。该选项用于指定如何生成预测模型，包括"自动""自动不带季节性"和"自定义"3个选项。

④ 显示预测区间。可以通过"显示预测区间"设置预测的置信区间为90%、95%、99%，或者输入自定义值，并可设置是否在预测中包含预测区间。

⑤ 预测摘要。"预测选项"对话框底部的文本框提供了当前预测的描述，每次更改上面的任一预测选项时，预测摘要都会更新。

（4）评估预测模型

与其他数据建模一样，时间序列建模完毕后，还需要通过一些具体指标对模型的优劣进行评估，Tableau的具体操作如下：

依次单击菜单栏【分析】|【预测】|【描述预测】选项，打开"描述预测"对话框，可以查看模型的详细描述，分为"摘要"选项卡和"模型"选项卡。

在"摘要"选项卡中，描述了已创建的预测模型，上半部分汇总了Tableau创建预测所用的选项，一般由软件自动选取，也可以在"预测选项"对话框中指定，如图6-28所示。

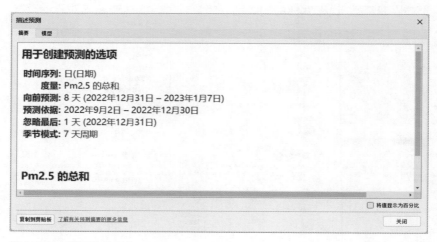

图6-28 "摘要"选项卡

在"模型"选项卡中，Tableau提供了更详尽的模型信息，包含"模型""质量指标"和"平滑系数"3个部分，如图6-29所示。

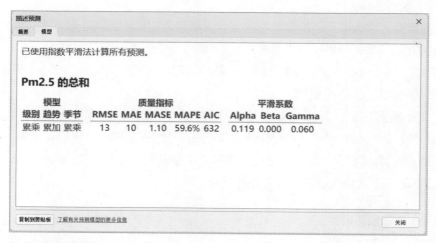

图6-29 "模型"选项卡

① 模型：指定"级别""趋势"和"季节"组件是否是用于生成预测模型的一部分，并且每个组件在创建整体预测值时，可以是"无""累加"或"累乘"。

② 质量指标：显示常规时间序列预测中经常使用的5个判断指标，包括RMSE（均方误差）、MAE（平均绝对误差）、MASE（平均绝对标度误差）、MAPE（平均绝对百分比误差），以及常用的AIC（Akaike信息准则）。

③ 平滑系数：显示3个参数（Alpha级别平滑系数、Beta趋势平滑系数和Gamma季节平滑系数），根据数据的级别、趋势或季节的演变速率对平滑系数进行优化，使得较近的数值权重大于较早的数值权重。

7

Tableau
仪表板和故事

▼

前面我们已经介绍了如何使用Tableau制作可视化视图，本章我们要介绍视图的组合体仪表板和故事，创建一个或多个视图后，可以将它们拖入仪表板或故事，从而进一步添加可视化视图的交互性等。

扫码观看本章视频

7.1 创建仪表板

7.1.1 拖拽工作表

仪表板是若干视图的集合，让我们能够同时比较各种数据。例如，如果有一组每天审阅的数据，可以创建一个一次性显示所有视图的仪表板，而不是导航到单独的工作表。

像工作表一样，可以通过工作簿底部的标签访问仪表板。工作表和仪表板中的数据是相连的，当修改工作表时，包含该工作表的任何仪表板也会更改。此外，工作表和仪表板都会随着数据源中的最新可用数据一起更新。

仪表板的创建方式与新工作表的创建方式大致相同。创建仪表板后，可以添加视图和对象。如果要打开新仪表板并开始创建仪表板，单击工作簿底部的"新建仪表板"图标，在"仪表板"区域会出现在左侧，并且会列出工作簿中的工作表，如图 7-1 所示。

图 7-1 新建仪表板

有了仪表板后，就可以将需要的工作表拖放到右侧的仪表板上，灰色阴影区域表示可以将视图放到那里，根据软件的提示即可，如图 7-2 所示。

默认情况下，工作表及图例等对象都是固定的。为了更好地编排仪表板，需

133

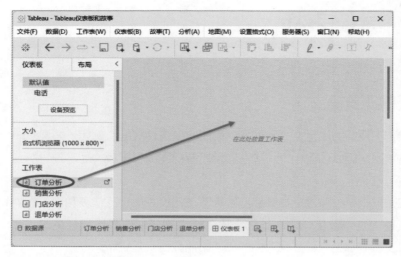

图 7-2　拖拽工作表到仪表板

要将工作表及图例等对象设置为"浮动",单击对象将其选中,然后打开右下方的快捷下拉菜单,选择"浮动"选项,菜单选项因对象而异,如图7-3所示。

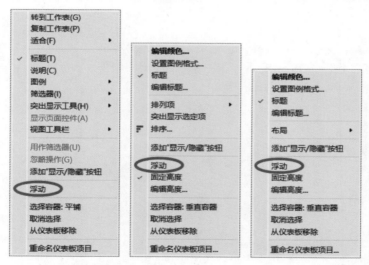

图 7-3　"浮动"对象

7.1.2　添加对象

添加和编辑对象,除了将视图添加到仪表板之外,还可以添加用于增加视觉吸引力和交互性的对象。左下角"对象"选项下主要有以下8种类型。

134

➤ 水平对象：在仪表板上提供水平布局的容器，将相关对象分组在一起。

➤ 垂直对象：在仪表板上提供垂直布局的容器，将相关对象分组在一起。

➤ 文本对象：在仪表板中添加显示文本，内容言简意赅。

➤ 扩展对象：向仪表板中添加独特的功能，或将它们与外部的应用程序集成。

➤ "数据问答"对象：用户可以输入针对特定数据源字段的对话查询。

➤ 空白对象：帮助我们调整仪表板之间的间距。

➤ 网页对象：在仪表板的上下文中显示目标页面。

➤ 导航对象：实现从一个仪表板导航到另一个仪表板、其他工作表或故事。

以上的8种对象类型与工作表及图例等类似，也可以设置为自由浮动。

7.1.3　设置仪表板大小

创建仪表板之后，可能需要调整大小或对其进行重新组织，以便更好地为用户工作。设置Tableau仪表板大小的选项共有三种：固定大小、范围和自动，如图7-4所示。

➤ 固定大小：默认值，不管用于显示仪表板的窗口的大小如何，仪表板不变。如果仪表板比窗口大，仪表板将变为可滚动。可以从预设大小中进行选择，例如"台式机浏览器""全屏"等。固定大小使我们能够指定对象的确切位置，如果有浮动对象，则可能很有用，如图7-5所示。此外，已发布仪表板的加载速度可能更快，因为它们更有可能使用服务器上的缓存。

➤ 范围：仪表板在指定的最小和最大之间进行缩放。如果用于显示仪表板的窗口比最小要小，则会显示滚动条。如果该窗口比最大要大，则会显示空白。当针对需要相同内容并具有类似形状的两种不同显示大小进行设计时，使用此设置。范围同样非常适合于具有垂直布局的移动仪表板，在这种布局中，宽度可能会发生变化以适应不同移动设备宽度，高度固定以实现垂直滚动。

➤ 自动：仪表板会自动调整大小以填充用于显示仪

图 7-4　仪表板大小

通用桌面 (1366 × 768)
台式机浏览器 (1000 × 800)
全屏 (1024 × 768)
笔记本计算机浏览器 (800 × 600)
已嵌入网页 (800 × 800)
已嵌入博客 (650 × 860)
已嵌入小博客 (420 × 650)
列总和 (550 × 1000)
PowerPoint (1600 × 900)
故事 (1016 × 964)
信函纵向 (850 × 1100)
信函横向 (1100 × 850)
Legal 横向 (1150 × 700)
A3 纵向 (1169 × 1654)
A3 横向 (1654 × 1169)
A4 纵向 (827 × 1169)
A4 横向 (1169 × 827)
自定义

图 7-5　"固定大小"选项

表板的窗口，如果希望Tableau处理任何大小调整操作，使用此设置，为了获得最佳效果，使用平铺仪表板布局。

7.1.4　设置仪表板布局

位置和大小能精确地在仪表板分隔项目，而边界和背景能直观地突出显示项目。在仪表板中选择一个工作表，在左侧的"布局"选项卡上，指定位置、大小、边界和颜色等，如图7-6所示。

工作表默认颜色是白色，为了使工作表更具特色，可以设置工作表的背景。在仪表板中选择任意一张工作表，然后在软件菜单栏选择【设置格式】|【阴影】，如图7-7所示。

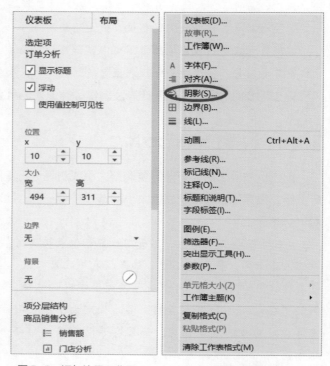

图 7-6　添加边界和背景　　图 7-7　设置工作表背景

7.2　扩展程序

7.2.1　添加扩展程序

扩展程序能向仪表板中添加独特的功能，或直接将它们与Tableau外部的应用程序集成。借助第三方开发者创建的Web应用程序的帮助，扩展程序可以扩展仪表板的功能。

136

如果要添加扩展程序，需要从"对象"区域将"扩展"选项拖放到仪表板中，如图7-8所示。

然后进入扩展程序的下载页面，如图7-9所示，根据需要下载一个.trex格式的扩展程序，该文件指定扩展程序的属性，其中包括基于Web的应用程序的URL。

如果出现提示"允许扩展程序"对话框，若选择允许访问，按照屏幕上的说明进行操作来配置扩展程序，如图7-10所示。

图 7-8　仪表板添加扩展程序

图 7-9　扩展程序的下载界面

图 7-10　"允许扩展程序"对话框

137

7.2.2 配置扩展程序

某些仪表板扩展程序提供配置选项，使其能自定义功能，在仪表板中选择扩展程序，并从右上角的下拉菜单中选择"配置"选项，如图7-11所示。

7.2.3 加载扩展程序

如果仪表板扩展程序失去响应，可能需要重新加载扩展程序，这类似于在浏览器中刷新网页。

在仪表板中选择扩展程序，并从右上角的下拉菜单中选择"重新加载"选项，仪表板扩展程序将刷新，并会设置为其原始状态。

配置…
重置权限
关于…
重新加载
添加"显示/隐藏"按钮
浮动
选择容器: 平铺
取消选择
从仪表板移除
复制仪表板项
重命名仪表板项目…

图7-11　配置扩展程序

7.3　Tableau 故事

7.3.1 故事功能概述

Tableau故事是按顺序排列的工作表集合，包含多个传达信息的工作表或仪表板。故事中各个单独的工作表称为"故事点"，创建故事是为了揭示各种事实之间的关系、提供上下文、演示决策与结果的关系。

Tableau故事不是静态屏幕截图的集合，故事点仍与基础数据保持连接，并随着数据源数据的更改而更改，或随所用视图和仪表板的更改而更改。当我们需要分享故事时，可以通过将工作簿发布到Tableau Server或Tableau Cloud实现。

在数据分析工作中，使用故事的方式主要有以下两种。

·协作分析：可以使用故事构建有序分析，供自己使用或与同事协作使用。显示数据随时间变化的效果或执行假设分析。

·演示工具：可以使用故事向客户叙述某个事实，就像仪表板提供相互协作视图的空间排列一样，故事可按顺序排列视图或仪表板，以便创建一种叙述流。

Tableau的故事界面主要由工作表、导航器、新建故事点等组成，如图7-12所示。

① 工作表。在"工作表"窗格中，可以将仪表板和工作表拖放到故事中，

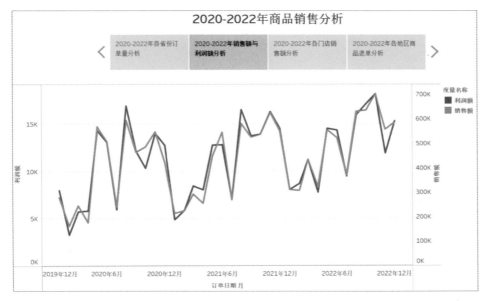

图 7-12 故事页面

向故事点中添加说明，选择显示或隐藏导航器按钮，配置故事大小，选择显示故事标题等。

　　② 故事。打开"故事"菜单时，可以打开"设置故事格式"窗格，将当前故事点复制为图像，将当前故事点导出为图像，清除整个故事，显示或隐藏导航器按钮和故事标题。

　　③ 导航器。可以通过导航器编辑、组织和标注故事点，如单击导航器右侧或左侧的箭头，移到一个新的故事点；使用将鼠标悬停在导航器时出现的滑块在故事点之间快速滚动，然后对故事点进行查看或编辑。

　　④ 新建故事点。创建故事点之后，可以选择若干不同的选项添加另一个点。如果要新建故事点，则可以单击添加新空白点，将当前故事点保存为新点，复制当前故事点。

7.3.2　创建故事页面

　　单击Tableau左下方的"新建故事"选项卡，新建一个故事点，如图7-13所示。

　　右击新建故事点的名称"故事1"，重命名为"2020—2022年商品销售分析"，如图7-14所示。

图 7-13　"新建故事"选项卡

139

在左下角可以设置故事的具体大小。我们可以从预定义的大小中任意选择一种，用户还可以进行自定义设置，如图7-15所示。

图7-14　重命名故事　　　　　　　图7-15　设置故事页面大小

将"工作表"区域的工作表拖放到故事页面中，例如"订单分析"工作表。为每个故事点添加说明，单击"添加说明"，输入内容，如"2020—2022年各省份订单量分析"。

如果想再创建一个"销售分析"的故事点，可以单击"空白"按钮，再拖入"销售分析"工作表，并输入标题"2020—2022年销售额与利润额分析"，如图7-16所示。

图7-16　新建一个故事点

在"布局"页面，可以设置导航器样式类型，例如说明框、数字、点、仅限箭头，如图7-17所示。

按照上面介绍的步骤，可以继续创建"2020—2022年各门店销售额分析"和"2020—2022年各地区商品退单分析"的故事点。

此外，我们还可以通过"复制"按钮复制故事点，将会复制一个与原来的故事点完全一样的新故事点，例如选择"2020—2022年各地区商品退单分析"故事点，然后点击"复制"按钮，将会出现两个"2020—2022年各地区商品退单分析"故事点，如图7-18所示。

图7-17　导航器样式

140

2020-2022年各门店销售额分析	2020-2022年各地区商品退单分析	2020-2022年各地区商品退单分析	>

图 7-18　复制新故事点

7.3.3　设置故事格式

故事格式是指对构成故事的工作表进行适当设置，包括调整标题大小、使仪表板恰好适合故事的大小等。

⬤ **（1）调整标题方向和大小**

有时一个或多个选项中的文本太长，不能完整地放在导航器内，这种情况需要纵向和横向调整文本大小。

在导航器中，拖动左边框或右边框以横向调整文本大小；拖动下边框以纵向调整大小；还可以选择一个角并沿对角线方向拖动，以同时调整文本的横向和纵向大小，如图7-19所示。

⬤ **（2）设置合适的故事格式**

打开"设置故事格式"窗格，选择【故事】|【设置格式】，在"设置故事格式"窗格中，可以设置故事的格式，包括阴影、标题、导航器、文本对象等，如图7-20所示。

① 阴影。在"设置故事格式"窗格中单击"故事阴影"下拉控件，可以选择故事的颜色和透明度。

② 标题。调整故事标题的字体、对齐方式、阴影和边界，根据需要单击"故事标题"的下拉控件。

图 7-19　调整标题大小

图 7-20　"设置故事格式"窗格

③ 导航器。单击"字体"下拉控件，可以调整字体的样式、大小和颜色；单击"阴影"下拉控件，可以选择导航器的颜色和透明度。

④ 文本对象。如果故事包含说明，就可以在"设置故事格式"窗格中设置所有说明的格式。可以调整字体，向说明中添加阴影边框。

⑤ 清除。"清除(C)"位于最下方，如果要将故事重置为默认格式设置，则单击"设置故事格式"窗格底部的"清除"按钮。如果要清除单一格式设置，则在"设置故事格式"窗格中右击要撤销的格式设置，然后选择"清除"。

7.3.4　演示故事页面

如果要演示故事，就需要使用演示模式，单击工具栏上的"演示模式"按钮🖵，快捷键为F7；如果要退出演示模式，就需要按Esc键或单击视图右下角的"退出演示模式"按钮，快捷键也是F7，如图7-21所示。

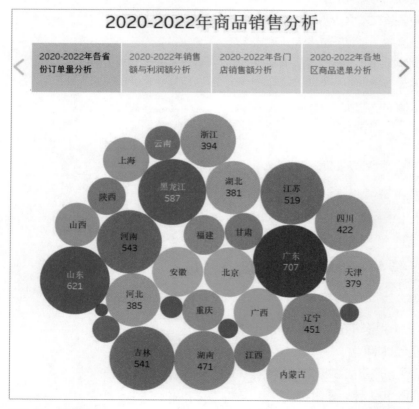

图7-21　演示故事

8

Tableau Prep
数据处理基础

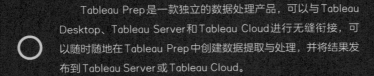

Tableau Prep是一款独立的数据处理产品，可以与Tableau
Desktop、Tableau Server和Tableau Cloud进行无缝衔接，可
以随时随地在Tableau Prep中创建数据提取与处理，并将结果发
布到Tableau Server或Tableau Cloud。

8.1 Tableau Prep 入门

8.1.1 Tableau Prep 概述

Tableau Prep 是 Tableau 产品套件中的一个数据清洗工具，可以合并、调整和清理数据，以便在 Tableau 中进行分析，目标是让数据准备工作更加轻松和直观。

Tableau Prep 通过连接各种文件、服务器或 Tableau 数据提取等数据，通过拖放或双击将表放入流程窗格，然后再添加流程步骤，在其中使用数据处理操作来清理和调整数据，例如筛选、拆分、重命名、转置、联接和合并，流程中的每个步骤都能直观地呈现在创建和控制的流程图中。

Tableau Prep 的安装过程比较简单，这里不做介绍，安装 Tableau Prep 后，可以通过双击桌面上的图标打开软件。Tableau Prep 的开始页面由以下窗格组成："打开流程""连接到数据""示例流程"和"探索"等，可以从中连接数据、访问最近使用的流程，以及浏览 Tableau Prep 的学习资源，如图 8-1 所示。

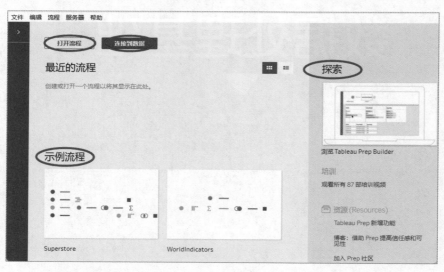

图 8-1 开始页面

此外，Tableau Prep 的文件通常存储在"MyTableau PrepRepository"文件夹中，该文件夹一般位于"文档"文件夹中，如图 8-2 所示。

名称	修改日期	类型
OAuthConfigs	2022/5/19 23:14	文件夹
地图源	2022/5/19 23:14	文件夹
服务	2022/5/19 23:14	文件夹
工作簿	2022/5/19 23:14	文件夹
扩展	2022/5/19 23:14	文件夹
扩展程序	2023/1/6 21:49	文件夹

图 8-2　Tableau Prep 的文件

8.1.2　数据处理主要步骤

连接数据源后，在输入步骤中使用不同的选项来确定要在流程中处理的数据。然后可以添加清理步骤或其他步骤来检查、清理和调整数据。例如连接"西南地区订单明细_2022.xlsx"数据源后，点击右侧的加号，选择下一步的数据处理操作，如图 8-3 所示。

图 8-3　开始清洗数据

Tableau Prep 提供了可用来清理和调整数据的各种清理操作，包括清理步骤、新行、聚合、转置、联接、并集、脚本、预测、输出。通过清理数据，可以更轻松地合并和分析数据，或可以让其他人在共享数据集时更轻松地理解数据。

可以在输入步骤中应用有限的清理操作，不能在输出步骤中应用清理操作，

145

表8-1显示了在每个步骤类型中可以执行哪些清理操作。

表8-1 各步骤中的清理操作

清理操作	步骤							
	输入	清理	聚合	转置	联接	并集	新建行	输出
筛选	√	√	√	√	√	√	√	
分组统计		√		√		√	√	
清理		√		√	√	√	√	
转换日期		√		√	√	√	√	
拆分值		√		√	√	√	√	
重命名字段	√	√		√	√	√	√	
批量重命名字段		√						
复制字段		√		√	√	√	√	
仅保留字段	√	√		√	√	√	√	
移除字段	√	√	√	√	√	√	√	
创建计算字段		√		√	√	√	√	
编辑值		√		√	√	√	√	
更改数据类型	√	√	√	√	√	√	√	

8.1.3 Tableau Prep 窗格

Tableau Prep界面包括"连接"窗格和"流程"窗格，以及三个协同区域切换按钮，如图8-4所示。

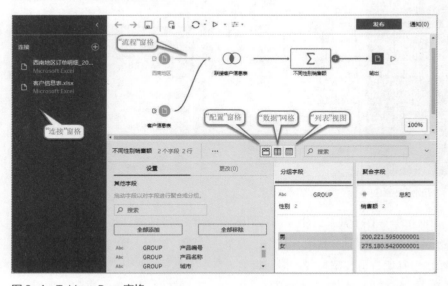

图8-4 Tableau Prep 窗格

"连接"窗格：连接窗格显示连接到的数据库和文件，添加与一个或多个数据库的连接后，将要使用的表拖至流程窗格即可。

"流程"窗格：连接、清理、调整和合并数据时，可以在流程窗格看到相应的步骤，在每个步骤顶部的图标上悬停鼠标，即可查看所做的更改。

"配置"窗格：工作区中心位置的配置窗格显示数据样本中每个字段的摘要。用户可以看到数据的组织结构，并快速找出异常值和Null。

"数据"网格：数据网格显示数据的行级别详细信息，所显示的值反映了配置窗格中定义的操作，可以筛选、只保留和排除此网格中的各个字段值。

"列表"视图：从不同的维度定义数据视图，设定筛选条件和分组规则等参数。

（1）"连接"窗格

工作区的左侧是"连接"窗格，其中显示可以连接到的数据库和文件，先添加与一个或多个数据源的连接，然后将需要使用的数据表拖放到"流程"窗格中。

如果需要工作区中有更多空间，可以点击左上方的 < 按钮，最小化"连接"窗格，如图8-5所示。

图8-5　"连接"窗格的最小化按钮

（2）"流程"窗格

工作区的顶部是"流程"窗格。在准备数据时直观地呈现操作步骤，这是添加步骤来构建流程的位置。在连接、清理、调整和合并数据时，步骤会出现在"流程"窗格中，并沿顶部从左到右对齐。

这些步骤指出正在应用何种操作、应用操作的顺序，以及会对数据产生什么影响。例如，"联接"步骤显示已应用的联接类型、联接子句，如图8-6所示。

（3）"配置"窗格

工作区的下半部分是"配置"窗格，汇总了数据样本中的每个字段，可以快

图 8-6　"流程"窗格的步骤

速查找离群值和空值。"配置"窗格显示流程中任何位置的数据的结构，具体情况取决于对数据执行的操作或选择的步骤。

"配置"窗格中的每个卡上都有选项菜单，如图 8-7 所示，显示可以执行的操作，主要包括：搜索指定的字段，按字段进行排序，对某个字段拆分数据，筛选值、包括值或排除值，查看并处理空值，对字段进行重命名，更改字段的数据类型，重新排列字段的顺序。

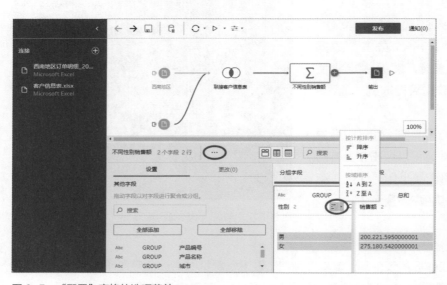

图 8-7　"配置"窗格的选项菜单

◯（4）"数据"网格

工作区的底部是"数据"网格，其中显示数据中的行级别详细信息。"数据"网格中显示的值反映"配置"窗格中定义的操作。例如聚合操作中，默认是按照"总和"分组统计，也可以修改统计类型为"平均值""中位数""计数"等，如图 8-8 所示。

148

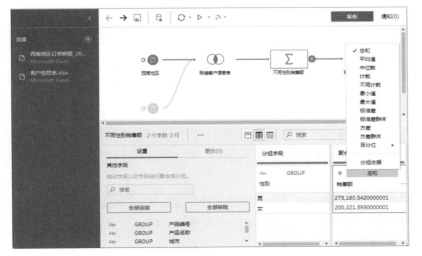

图 8-8 "数据"网格

（5）"列表"视图

Tableau Prep中的"列表"视图是一种数据预处理视图，用于查看和编辑数据源中的记录。在"列表"视图中，数据以表格形式呈现，每个字段都以列的形式显示，每一行代表数据源中的一个记录，它是Tableau Prep中进行数据预处理的一种直观和便捷的方式，使用户能够更好地查看、编辑和转换数据，如图8-9所示。

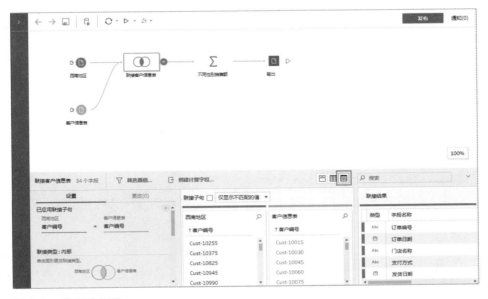

图 8-9 "列表"视图

149

8.2 Tableau Prep 数据流程

8.2.1 启动新流程

与Tableau Desktop类似，通过连接数据源，启动新的数据处理流程。在进行数据清洗之前，我们首先需要连接数据源。通过点击左侧的"添加连接" ⊕ 按钮，可以看到目前Prep支持的所有数据源，也可以在"搜索"框中搜索需要连接的数据源，如图8-10所示。

在连接器列表中，选择文件类型或托管的数据服务器。这里我们选择一种比较常用的存储方式，例如Microsoft Excel格式数据，在"到文件"选项下双击"Microsoft Excel"，如图8-11所示，这样就可以启动一个新的数据处理流程。

图 8-10　搜索数据源

图 8-11　选择存储方式

8.2.2 打开已有流程

在Tableau Prep中，可以直接在开始页面中查看和访问最近的流程，在"最近的流程"区域中，选择一个流程，例如"西南地区客户订单"，可以轻松地找到正在进行的工作，如图8-12所示。

也可以单击图中的"打开流程"按钮，导航到存储流程文件的位置，例如"西南地区客户订单.tfl"，然后将其打开，如图8-13所示。

8.2.3 数据流程简介

Tableau Prep连接到数据源之后，可以从"连接"窗格中，双击需要导入

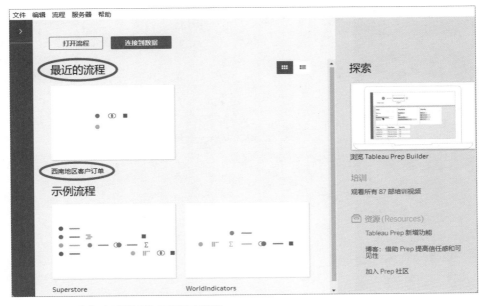

图 8-12　通过"最近的流程"打开已有流程

图 8-13　通过导航到存储流程文件的位置打开已有流程

的表或将其拖放到"流程"窗格以开始数据处理流程,例如这里选择"销售数据表",将表拖放到画布上以启动流程,如图8-14所示。

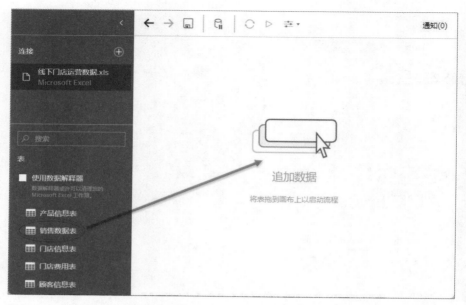

图 8-14　拖入数据源以启动流程

上面连接的工作簿中有多张表,但是如果工作簿中只有一张表,那么 Tableau Prep会在连接数据源时,将自动为该表在"流程"窗格中创建输入步骤。在"流程"窗格下方显示输入的相关信息,包括设置、表、数据样本、更改,以及数据表中的字段信息,如图8-15所示。

图 8-15　连接单张表

8.3 Tableau Prep 连接到数据

8.3.1 连接主要数据源

　　Tableau Prep通过适用于常见数据类型的内置连接器进行数据连接，这些连接器适用于大多数常见数据类型，并且随着Tableau Prep版本的更新，会经常添加新的连接器，可以在左侧窗格中的"连接"下查看所有可用的连接器类型。

（1）连接 Tableau Server

　　Tableau Prep可以直接从"连接"窗格连接到存储在Tableau Server上的已发布数据源及更多数据源，如图8-16所示。

　　主要步骤如下：

　　① 在"连接"窗格上的"搜索数据"下，选择"Tableau Server"。

　　② 输入服务器IP地址，登录以连接到服务器或站点。

　　③ 在服务器上搜索要连接的数据源，然后单击"连接"。

（2）连接到文件

　　Tableau Prep可以方便地连接到本地离线文件，例如Microsoft Access、Microsoft Excel、PDF文件、空间文件、统计文件、Tableau数据提取文件、文本文件等，如图8-17所示。

　　下面以文本文件数据为例，介绍其主要步骤，具体如下：

　　① 打开Tableau Prep并单击"添加连接"按钮。

　　② 在"连接"窗格上的"到文件"下，选择"文本文件"选项。

图 8-16　连接到 Tableau Server

图 8-17　连接到文件

③ 选择要使用的文本文件数据源，然后单击"打开"。

Tableau Prep连接文本文件数据时，会按照默认的解析方式读取数据，这与我们的实际需求可能不一致，如图8-18所示。如果要更改用于解析文本文件数据的设置，可以设置以下选项。

图8-18 按默认的解析方式读取数据

◆ 第一行默认包含标题：选择此选项以使用第一行作为字段标签。

◆ 自动生成字段名称：字段命名采用与Tableau Desktop相同的模式，例如F1、F2等。

◆ 字段分隔符：从列表中选择字符用于分隔数据，选择"其他"以输入自定义字符。

◆ 文本限定符：选择用于在文件中将数值引起来的字符。

◆ 字符集：选择用于描述文本文件编码的字符集。

◆ 区域设置：选择要用于解析文件的区域设置。

（3）连接到服务器

Tableau Prep可以连接到一些常用的服务器，例如MySQL、Oracle、SQL Server等关系型数据库，以及Cloudera Hadoop、Spark SQL等集群数据，在"连接"窗格的"到服务器"下列出了所有类型，如图8-19所示。

Tableau Prep通过连接器连接到各类服务器，但是某些连接器可能需要下载并安装驱动程序，然后才能正常连接，Tableau网站上有驱动程序的下载页面，可以获取驱动程序的下载链接以及安装说明等，如图8-20所示。

图8-19 "到服务器"下的服务器类型

下面以MySQL数据库为例，介绍其主要步骤，具体如下：

驱动程序下载

找到适合您数据库的驱动程序，将 Tableau 连接到您的数据。

要获得正确的驱动程序，您需要知道自己的 Tableau 产品版本。在 Tableau Desktop 中，选择**帮助 > 关于 Tableau。**在 Tableau Server 中，单击信息图标 ⓘ，然后选择**关于 Tableau Server。**

对于 Tableau Bridge，请使用与 Tableau Desktop 相同的驱动程序。

重要提示： Tableau 10.5 后，我们将更改新版 Tableau 软件的版本编号方式。10.5 后的版本是 2018.1，下一版本将为 2018.2，以此类推。有关详细信息，请参阅 更改新版软件的版本编号方式（英文）博客文章。

数据源	操作系统	位版本
- 任意 -	Windows	64-bit

⌄ Actian Vector

⌄ Alibaba AnalyticDB for MySQL

图8-20 驱动程序的下载页面

① 打开Tableau Prep并单击"添加连接"按钮。

② 在"连接"窗格上的"到服务器"下，选择"MySQL"选项。

③ 输入服务器、端口、数据库、用户名和密码等，如图8-21所示。

在登录MySQL数据库后，可以更换数据库或架构，如图8-22所示。

8.3.2 刷新和编辑数据源

在Tableau Prep数据处理流程中，可以通过刷新"输入"步骤引入新数据，或者可以轻松地更改和更新单个输入步骤的连接，而不会中断流程。刷新数据源

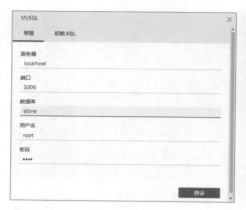

图 8-21　输入信息

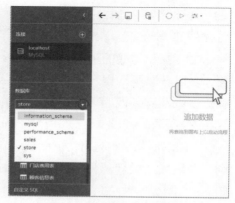

图 8-22　更换数据库或架构

的方法有以下两种。

方法1：在流程窗格中，右键单击要刷新的"输入"步骤，并从菜单中选择"刷新"，如图8-23所示。

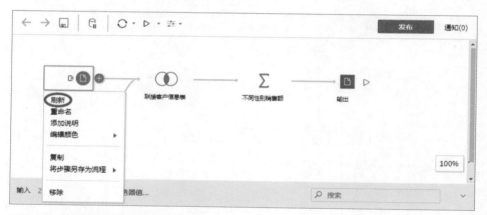

图 8-23　从右键菜单中选择"刷新"

方法2：在流程窗格中的顶部菜单上，单击"刷新"按钮以刷新所有"输入"步骤。如果要刷新单个"输入"步骤，单击刷新按钮旁边的下拉箭头 ▼，如图8-24所示。

在数据分析过程中，我们经常需要编辑数据源，下面我们介绍如何在Tableau Prep中编辑数据源，可以使用编辑连接选项，将不同的数据源类型替换为相同的数据源类型。在"连接"窗格中，右键单击数据源，并选择"编辑"选项，如图8-25所示。

156

图 8-24 从顶部菜单中选择刷新

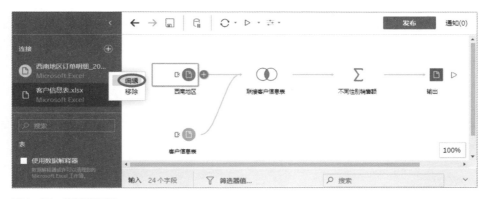

图 8-25 编辑数据源

此外，在不中断流程连接的情况下，使用任何新数据源轻松替换流程中的现有数据源，可以将新数据源拖放到旧数据源上，实现拖放以替换输入连接。

8.3.3 批量导入文件夹数据

默认情况下，Tableau Prep 会合并连接到的文本文件所在同一目录中的所有文本文件，或者合并连接到的Excel文件中的所有工作表。

从Tableau Prep 2022.2.1开始，搜索要合并的文件时的筛选选项已经升级，虽然仍然需要指定要搜索的目录和子目录，但是可以设置多个"文件筛选器"和多个"工作表筛选器"来执行更精细的搜索。

例如，我们需要合并西南地区最近3年的订单数据表，数据位于"西南地区订单明细"文件夹下，包括"西南地区订单明细_2020.xlsx""西南地区订单明细_2021.xlsx""西南地区订单明细_2022.xlsx"3张表,如图8-26所示。

图 8-26 "西南地区订单明细"文件夹

　　首先,使用 Tableau Prep 连接上述3张 Excel 表中的任意一张,例如"西南地区订单明细_2022.xlsx",然后在"表"设置选项下进行相应的设置,具体参数设置如下所述。

　　在"源"选项下选择"合并多个表",在"搜索范围"选项下选择"西南地区订单明细",在"文件名"选项下,选择"匹配"模式,以及模糊匹配的样式为"西南地区订单明细*",如图8-27所示。

图 8-27 设置"表"的参数

　　单击"应用"按钮实现文件夹数据合并。此外,在合并后的数据中添加了"Table Names"和"File Paths"两个字段,此字段是自动添加的,用于标识原数据的表名和路径,如图8-28所示。

　　设置完成后,在后续打开流程或通过命令行运行流程时,添加到同一文件夹中且与筛选条件相匹配的新文件也会自动包括在并集中。

　　"添加文件筛选器"需要从筛选器选项中进行选择,包括文件名、文件大小、

类型	字段名称	更改	预览
Abc	产品编号		
Abc	产品名称		
Abc	商品类别		
Abc	子类别		
#	销售额		
#	数量		
#	折扣		
#	利润额		
Abc	利润率		
#	是否退回		
Abc	Table Names		
Abc	File Paths		

包括的字段: 25个, 共25个

图8-28 添加的两个新字段

创建日期、修改日期，具体如表8-2所示。

表8-2 筛选器选项

筛选器	描述
文件名	为文件名模式选择"匹配"或"不匹配"，例如"订单*"
文件大小	通过选择"大小范围"或"按大小排名"来筛选文件。 大小范围: 可从"小于""小于或等于""大于或等于"或"大于"中选择。 按大小排名: 包括或排除N个最大或最小的文件
创建日期	通过选择"日期范围""相对日期"或"按日期排名"来筛选文件。 日期范围: 可从"之前""早于或等于""迟于或等于"或"之后"中选择。 相对日期: 包括或排除精确的年、季度、月、周或日范围，也可以配置相对于特定日期的锚点。 按日期排名: 包括或排除N个最新或最早的文件
修改日期	通过选择"日期范围""相对日期"或"按日期排名"来筛选文件。 日期范围: 可从"早于""早于或等于""迟于或等于"或"迟于"中选择。 相对日期: 包括或排除精确的年、季度、月、周或日范围，也可以配置相对于特定日期的锚点。 按日期排名: 包括或排除N个最新或最早的文件

8.3.4 合并数据库表数据

合并数据库表的操作与上述合并文件夹中的数据类似，表必须位于同一数据库中，并且数据库连接必须支持通配符搜索。注意，目前仅仅支持以下的数据库: Amazon Redshift、Microsoft SQL Server、MySQL、Oracle、PostgreSQL。

例如，我们要连接MySQL数据库，合并位于orders数据库中的企业最近3年的订单数据表，主要操作步骤如下所述。

单击"添加连接"按钮，选择需要连接的数据库，例如本地MySQL数据库，然后输入服务器、端口、数据库、用户名和密码等，将"2020年订单数据"表拖放到"流程"窗格，如图8-29所示。

图8-29 连接MySQL数据库

在"输入"窗格中，选择"表"选项卡，然后选择"合并多个表"。在"表"字段中，从下拉选项中选择"包括"，然后输入模糊匹配的模式"*订单数据"，以查找要合并的表，如图8-30所示。最后单击"应用"按钮，就可以

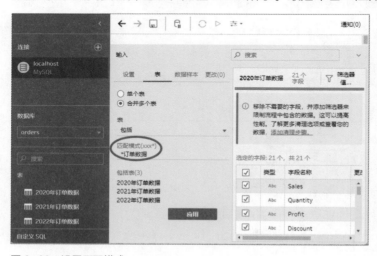

图8-30 设置匹配模式

实现合并表数据。

8.3.5 连接数据注意事项

● （1）使用自定义 SQL 连接到数据

在连接数据库前，如果明确知道数据库中的相关信息，并了解如何编写SQL查询语句，那么可以使用自定义SQL查询连接数据，就像在Tableau Desktop中一样，可以使用自定义SQL跨表合并查询数据、重新转换字段以执行跨数据库连接等。

连接到数据源后，并在"连接"窗格的"数据库"字段中，选择一个数据库。然后单击"自定义SQL"链接以打开"自定义SQL"选项卡，如图8-31所示。

图 8-31 "自定义 SQL"选项卡

在文本框中输入查询语句，或将查询语句粘贴到文本框中，SQL语句为统计门店所在城市的订单数量：

SELECT \`门店城市\`, SUM(\`数量\`) AS \`订单数量\` FROM \`store\`.\`销售数据表\` GROUP BY \`门店城市\`

确保SQL语句没有问题，然后单击"运行"以运行查询，如图8-32所示。

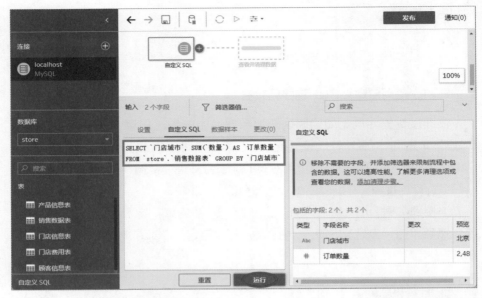

图 8-32　输入查询语句并运行查询

○ （2）使用初始 SQL 查询连接

可以指定初始 SQL 命令，该命令将在连接到支持该命令的数据库时运行。例如，在连接到 MySQL 数据库时，输入 SQL 语句，以便在连接到数据库时应用筛选器，这就像在"输入"步骤中添加筛选器一样，在数据抽样之前应用，并加载到 Tableau Prep 中，如图 8-33 所示。

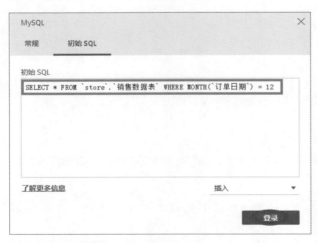

图 8-33　指定初始 SQL 命令

162

从Tableau Prep 2020.1.3开始,在初始SQL语句中还可以使用参数来传递数据流名称(FlowName)、软件版本(TableauVersion)和产品名称(TableauApp)等其他详细信息,以在查询数据源时跟踪数据,如表8-3所示。

表8-3 参数描述

参数	描述	返回值
TableauApp	用于访问数据源的应用程序	运行的Tableau产品名称
TableauVersion	应用程序版本号	运行的Tableau软件版本
FlowName	Tableau Prep Builder中.tfl文件的名称	正在编辑的数据流名称

8.4 数据基础处理

8.4.1 修改数据的类型

Tableau Prep会在将数据连接拖放到"流程"窗格中时对数据进行解读,与Tableau Desktop一样,会自动为每个字段分配一个数据类型,主要包括数字、日期和字符串等类型。

默认情况下,Tableau Prep会将字段中的数字、日期和日期时间值分组为数据桶,便于查看值的整体分布状况,并快速确定离群值和Null值。数据桶的大小是基于字段中的最小值和最大值计算得出的,并且Null值始终显示在分布的顶部,如图8-34所示。

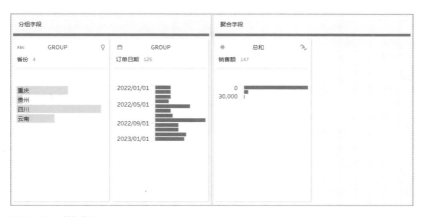

图 8-34 数据桶

例如，将按省份对订单日期进行汇总，Tableau Prep会根据数据源自动创建数据桶，针对2022年1月1日至2023年1月1日的订单数据为每个月创建数据桶，并带有相应标签，如图8-35所示。

图8-35　数据桶标签

由于不同的数据库可能会以不同的方式进行处理，因此Tableau Prep的解读可能出现差错，这就需要根据数据源进行适当的调整。如果要更改数据类型，单击数据类型图标，并从上下文菜单中选择正确的数据类型。例如可以将"日期"类型更改为"字符串"类型，如图8-36所示。

如果离散（或分类）数据字段包含许多行，或者其具有的分布太大，如果不滚动就无法显示在字段中，可能会在字段的右侧看到汇总分布，在分布中单击和滚动来定位特定值，如图8-37所示。

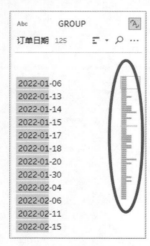

图8-36　修改字段类型　　　图8-37　离散数据分布

164

8.4.2 查看数据的大小

连接到数据后，向流程中添加一个表，查看数据集的大小，通过在"输入"窗格的"数据样本"选项卡中指定要包括的"行数"和"行选择"来使用数据子集，如图8-38所示。

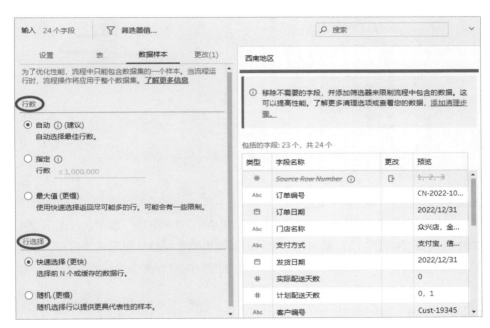

图8-38 "行数"和"行选择"

"行数"选项：包括自动选择最佳行数，指定具体的行数，使用快速选择返回尽可能多的行。

"行选择"选项：包括快速选择前N行或缓存的数据行，随机选择行以提供更具代表性的样本。

可以使用"配置"窗格来查看数据的字段数和行数，在"配置"窗格的左上角，可以找到在流程的某个特定点的字段数和行数的汇总。Tableau Prep会舍入到最接近的千位。例如图8-39数据集中有3个字段和147行。

8.4.3 查看唯一值的分布

唯一值的数量，每个字段标题旁边的数字表示该字段内包含的不同值。Tableau Prep会舍入到最接近的千位，如果将光标悬停在数字上，可以看到唯

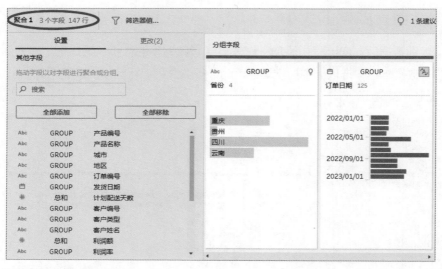

图 8-39 查看数据大小

一值的确切数量，如图 8-40 所示。

在"配置"窗格中，单击数值或日期字段的"更多选项"菜单，在上下文菜单中，选择"摘要"以查看值的分布，日期类型的数据默认显示值的分布，也可以选择"详细信息"以查看值的详细情况，如图 8-41 所示。

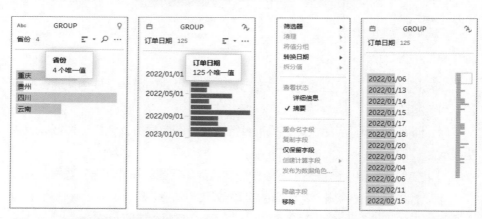

图 8-40　查看唯一值的确切数量　　　　图 8-41　查看数值分布

8.4.4　搜索特定字段和值

在"配置"窗格或"结果"窗格中，可以搜索特别感兴趣的字段或值，并使用搜索结果来筛选数据。当搜索字段时，将显示一个新指示符，告诉找到的字段

166

数，以便更好地了解搜索结果。如果未找到字段，将显示其他消息。如果要搜索字段，在工具栏上的搜索框中输入全部或部分搜索词，如图8-42所示。

图8-42　关键词搜索

在字段中搜索值，单击字段的搜索图标，并输入一个关键字，例如"四川"，如果要使用高级搜索选项，单击"搜索选项"按钮，然后再选择对应的搜索选项，包括"包含""开头为""结尾为""精确匹配""不包含"，如图8-43所示。

如果要使用搜索结果来筛选数据，选择"只保留"或"排除"，在流程窗格中，受影响的步骤上方将出现一个筛选器图标，如图8-44所示。

图8-43　高级搜索

图8-44　筛选器图标

8.4.5　复制数据网格中的字段值

Tableau Prep可以很方便地从"数据"网格中复制选定的值，并将它们粘贴到任何文档中，例如Microsoft Excel、文本文件、电子邮件等。甚至可以将

167

它们复制并粘贴到SQL编辑器中，以快速运行SQL查询。

在"数据"网格中，选择一个或多个要复制的字段值，在所选字段值上鼠标右键单击，然后从下拉菜单中选择"复制"选项，再将复制的字段粘贴到其他文档，如图8-45所示。

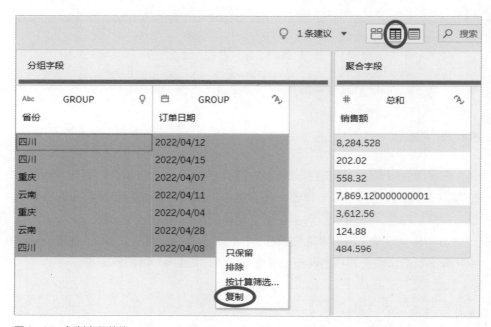

图8-45　复制字段数值

8.4.6　对值和字段进行排序

"配置"卡上的排序选项使能按升序或降序对日期和数字类型的字段进行排序，或按字母顺序对字符串类型的字段值进行排序，如图8-46所示。

如果要重新排列字段的顺序，需要从"配置"窗格、"数据"网格或"列表"视图中，选择一个或多个配置卡或字段，拖动配置卡或字段，直到看到黑色目标线出现，将配置卡或字段放置到位，如图8-47所示。

8.4.7　突出显示字段和值

利用Tableau Prep可以使用突出显示来查找字段之间的相关值。当在"配置"窗格的"配置"卡中单击某个值时，其他字段中的所有相关值会以蓝色突出

图 8-46 字段数据排序

图 8-47 重新排列字段顺序

图 8-48 突出显示相关数值

显示。蓝色显示选择的值与其他字段中的值之间的关系分布，如图 8-48 所示。

　　突出显示相同的值，在数据网格中选择值时，所有相同的值也会突出显示，这些突出显示可帮助确定数据中的模式或不规则情况，如图 8-49 所示。

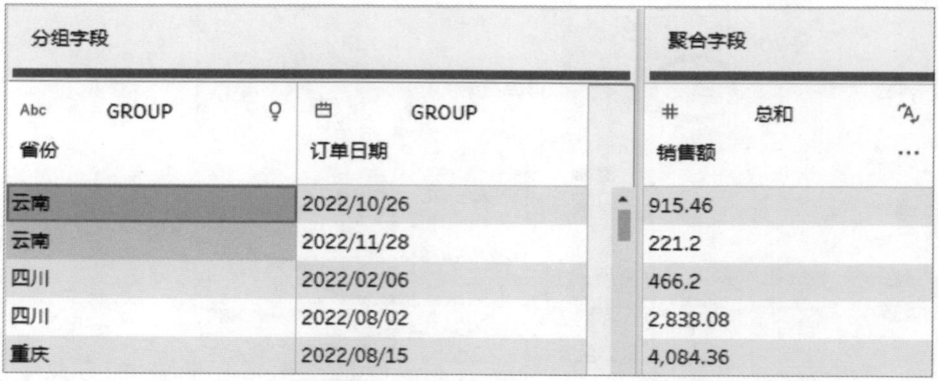

分组字段		聚合字段
Abc GROUP ♀	凸 GROUP	# 总和 ᴬ⌄
省份	订单日期	销售额 ···
云南	2022/10/26	915.46
云南	2022/11/28	221.2
四川	2022/02/06	466.2
四川	2022/08/02	2,838.08
重庆	2022/08/15	4,084.36

图 8-49　突出显示相同数值

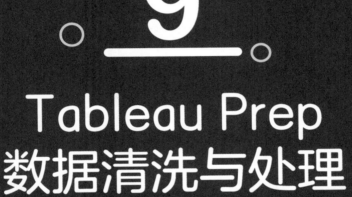

9

Tableau Prep
数据清洗与处理

▼

在实践中，数据处理中工作量最大的是对数据进行清洗，即对不清洁的数据进行清洁化的工作，让数据更加规范，让数据的结构更加合理，并让数据处在数据分析的可用状态。本章详细介绍 Tableau Prep 一些重要的数据处理步骤与技巧。

9.1 筛选数据操作

9.1.1 保留或移除字段

Tableau Prep提供了可用于筛选数据的各种选项。例如，使用"只保留"或"排除"以对字段的特定值进行单击筛选，或者针对更复杂的筛选需求从各种筛选器选项中进行选择。也可以保留或移除整个字段。

在"流程"中添加一个"清理步骤"对数据进行数据处理。如果要只更改特定值，可以选择"编辑值"以内联方式编辑值，或将值替换为Null，如图9-1所示。

在处理流程中的数据时，可能需要移除不需要的字段。在任何清理或操作步骤的"配置"窗格或"数据"网格中，选择一个或多个字段，并右键单击，然后选择"移除"以移除所选字段，或选择"只保留"以仅保留所选字段，并移除所有未选择的字段，如图9-2所示。

图 9-1 编辑值   图 9-2 选择"只保留"

9.1.2 隐藏和取消隐藏字段

如果流程中有不需要清理的字段，但是仍想将它们包括在流程中，则可以隐藏字段而不是移除它们。在取消隐藏字段或运行流程以生成输出之前，不会加载这些字段的数据。隐藏或取消隐藏字段，必须处于"输入"步骤或"清理"步骤中。

在"输入"步骤中选择要隐藏或取消隐藏的字段，点击眼睛图标以隐藏或取消隐藏该字段，当前不支持在"输入"步骤中多选字段，如图9-3所示。

图9-3　在"输入"步骤中隐藏字段

在"清理"步骤中，可以从"配置"窗格、"数据"网格和"列表"视图中隐藏或取消隐藏字段。例如在"配置"窗格中，选择要隐藏的字段，鼠标右键单击，从"更多选项"菜单中选择"隐藏字段"，如图9-4所示。

图9-4　在"清理"步骤中隐藏字段

隐藏字段后将生成一个新的配置卡，其中显示了上述选择隐藏的字段，如果要取消隐藏字段，在"隐藏字段"配置卡中选择一个或多个字段，然后单击眼睛图标，取消隐藏字段，如图9-5所示。

图9-5　取消隐藏字段

9.1.3　筛选器及其类型

如果要查看可用于字段的不同筛选器选项，在"配置"网格、"数据"网格或"列表"视图中单击"更多选项"菜单。如果要查看"数据"网格上的菜单，必须先单击"显示数据窗格"按钮，然后单击"更多选项"菜单。

不同类型的数据，筛选器也存在一定的差异：

字段类型为日期及日期和时间类型时，筛选器类型包含计算、选定值、日期范围、相对日期、Null值，如图9-6所示。

字段类型为字符串类型时，筛选器类型包含计算、选定值、通配符匹配、Null值，如图9-7所示。

图9-6　日期及日期和时间类型筛选器　　　　图9-7　字符串类型筛选器

表9-1列出了可用于每种数据类型的筛选器。

表9-1　不同数据类型的可用筛选器

数据类型	可用筛选器
字符串	计算、通配符匹配、Null值、选定值
数字	计算、值范围、Null值、选定值
日期及日期和时间	计算、日期范围、相对日期、Null值、选定值

9.1.4　计算筛选器

当"筛选器"选项选择"计算"时，打开。"添加筛选器"对话框，在对话框中输入计算公式，Tableau Prep会自动验证公式是否有效。此外还可以在"计算"筛选器中包括参数。

例如，这里需要筛选出所有2022年8月份的订单，在输入框中输入公式"MONTH([订单日期]) = 8"即可，输入完成后，单击"应用"和"保存"按钮，如图9-8所示。

通过添加筛选器，Tableau Prep筛选出了所有2022年8月份的数据，点击订单日期字段中的水平条形图，例如"2022/08/29—2022/09/25"，显示订单明细有4条，占比9%，而且在界面的正下方显示具体的明细数据，如图9-9所示。

图 9-8 添加筛选器

图 9-9 查看明细数据

> **注意**
>
> 在"输入"步骤中,"计算"筛选器是唯一可用的筛选器类型。所有其他类型的筛选器都可以在"配置"窗格、"数据"网格或"列表"视图中使用。

9.1.5 "选定值"筛选器

可以使用"选定值"筛选器选取和选择要为字段保留或排除的值,即使这些值不在样本中,此筛选器选项不可用于"聚合"或"转置"步骤中。

175

在右侧窗格中，单击"只保留"或"排除"选项卡，通过输入关键字来搜索，例如输入"具"关键字，即找出商品子类型中含有"具"的所有订单，如图9-10所示。

单击"添加值"按钮以添加位于数据集中但未包括在样本中的值，例如输入"手机"关键字，单击"完成"应用筛选器，如图9-11所示。

图9-10 关键字搜索　　　　　　　　　　图9-11 "添加值"按钮

9.1.6 "值范围"筛选器

该筛选器可以筛选出位于特定范围内的值，只针对数值类型的字段，当选择"值范围"时，可以指定范围，例如筛选出销售额在5000至10000的订单，如图9-12所示。

此外还可以设置最小值或最大值，例如筛选出销售额大于等于8000的订单，如图9-13所示，最大值筛选器与此类似。

图9-12 "值范围"筛选器　　　　　　　图9-13 最小值筛选器

9.1.7 "日期范围"筛选器

与"值范围"类似，筛选出位于特定日期范围内的值，只针对日期、日期和时间类型的字段，当选择"范围"时，可以指定范围，例如筛选出订单日期在

"2022/10/01" 至 "2022/10/07" 的订单，如图9-14所示。

可以指定日期范围，或者设置最早日期（最小值）或最晚日期（最大值），例如筛选出2022年上半年的所有订单，如图9-15所示。

图9-14 "日期范围"筛选器　　　　　　图9-15 最大值筛选器

9.1.8 "相对日期"筛选器

使用"相对日期"筛选器来指定要在数据中查看的年、季度、月、周或天的确切范围，那么最后一个3个季度包含日期范围是"2022/10/01—2023/06/30"，如图9-16所示。

也可以配置相对于特定日期锚点，并包括null值，例如我们这里设置日期锚点为"2022/12/31"，那么最后一个3个季度包含日期范围是"2022/04/01—2022/12/31"，如图9-17所示。

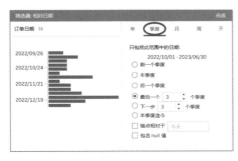 

图9-16 季度筛选器　　　　　　　　图9-17 设定特定日期

> **注意**
>
> "前"日期时间段包括完整的当前时间单位，即使某些日期尚未发生。例如如果选择前一个月，且当前日期为4月5日，则Tableau将显示4月1日至4月30日的日期。

9.1.9 "通配符匹配"筛选器

对于"产品名称"字段，如果选择"通配符匹配"选项，可以筛选字段值以保留或仅排除符合某个模式的值。在筛选编辑器中，选择"只保留"或"排除"选项卡，输入要匹配的关键字，例如输入"复印机"关键字，然后设置"匹配选项"条件以返回所需要的值。

筛选的结果显示在筛选编辑器的左侧窗格中，即筛选出"产品名称"字段中含有"复印机"关键字的所有订单，然后单击"完成"应用更改，如图9-18所示。

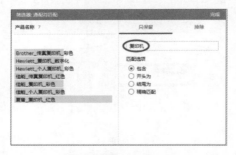

图 9-18 "通配符匹配"筛选器

9.1.10 "Null 值"筛选器

如果选择"Null值"，可以筛选所选字段中的值，以仅显示Null值或排除所有Null值，如图9-19所示。

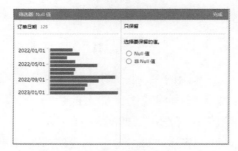

图 9-19 "Null 值"筛选器

9.2 处理数据操作

9.2.1 数据清洗与处理——清理

添加"清理步骤"以执行各种清理操作，该步骤目的是进行数据清洗，可以根据自己的需求进行数据筛选、添加、重命名、拆分、分组或移除字段等，点击字段名称右上角的···，弹出所有适合该字段的清理操作类型，如图9-20所示。

例如，我们这里将"订单日期"修改为"下单日期"，对数据进行更改时，将会向"流程"窗格中的对应步骤中添加注释，并会在"更改"窗格中添加一个条目来跟踪操作。如果在"输入"步骤中进行更改，则注释会显示在"流程"窗格中步骤的左侧，如图9-21所示。

178

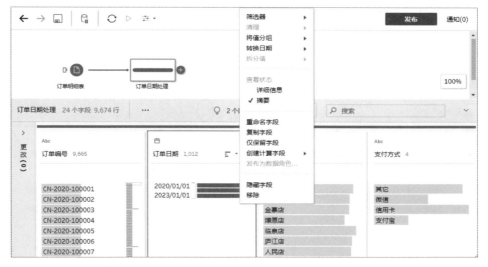

图 9-20　清理操作类型

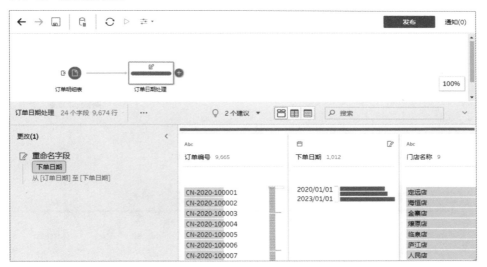

图 9-21　显示更改

　　可以在数据网格或列表视图中的配置窗格中或结果窗格外部执行清理操作。使用视图工具栏,更改视图,然后在字段上单击"更多选项"打开清理菜单。

　　显示配置窗格,这是默认视图。选择此按钮可返回配置窗格或结果窗格视图,如图9-22所示。

　　显示数据网格,折叠配置窗格或结果窗格以展开并仅显示数据网格。此视图提供了更详细的数据视图,在需要处理特定字段值时非常有用。选择此选项

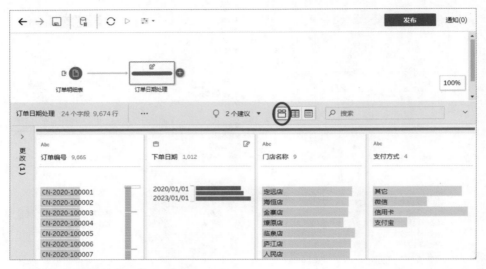

图 9-22　显示配置窗格

后，此视图状态将在流程的所有步骤中保持不变，但可以随时对其进行更改。如图9-23所示。

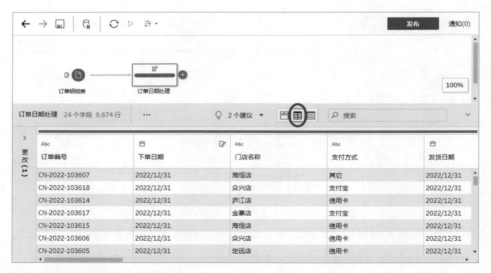

图 9-23　显示数据窗格

显示列表视图，将配置窗格或结果窗格转换为列表。选择此选项后，此视图状态将在流程的所有步骤中保持不变，但可以随时对其进行更改，如图9-24所示。

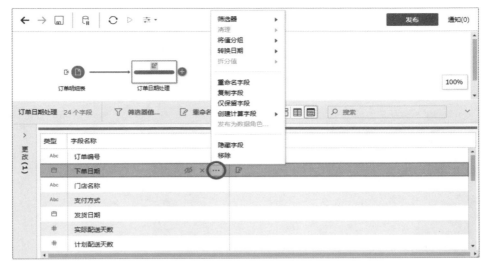

图 9-24　显示列表视图

9.2.2　缺失数据处理——新行

在日常工作中，当时间序列数据存在空白时，可能需要用新行填充，以有效地进行趋势分析。例如有一个销售数据表，但是有些日子没有记录销售，然而每天都需要一行，而不仅仅是有销售额的那几天。

可以使用Tableau Prep中的"新建行"步骤来生成缺失的行，并设置配置选项以获得需要的结果。可以为具有数字（整数）或日期值的字段生成新行。配置选项包括：

◆ 使用来自单个字段或两个字段的值生成行；

◆ 使用字段中的所有数据或选择一个值范围；

◆ 使用结果创建新字段或将新行添加到现有字段；

◆ 设置生成新行时要使用的增量（最多为10,000）；

◆ 将新行的值设置为零、Null或复制前一行的值。

在"流程"窗格中，单击"添加"图标并选择"新行"处理步骤，使用以下选项之一来选择缺少行的一个或多个字段。

◯ （1）来自一个字段的值

依据单个字段中的值生成缺失的行。将此选项用于"数字（整数）"或"日期"数据类型。Tableau Prep默认使用最小值和最大值生成缺失行。如果想使用值范围来生成缺失的行，需要设置"起始值"和"结束值"，如图9-25所示。

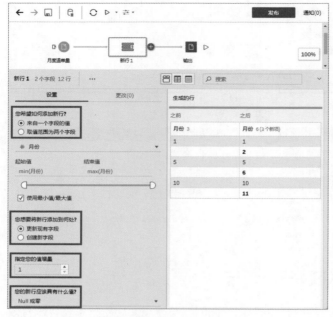

图 9-25 来自一个字段的值

　　添加新行的位置：使用单个字段时，可以将新行添加到现有字段，或创建新字段以保留原始数据。使用来自两个字段的值范围时，必须创建一个新字段。

　　新行的增量值：输入 1 ~ 10,000 之间的值，每个新行都会按选择的值递增，如果选择的值大于之间的差距，则不会生成新行。

　　◆ 数字字段：选择一个数字值。

　　◆ 日期字段：选择一个数字值，并选择"日""周"或"月"。

　　新行的填充值：选择一个选项以填充新行的其他字段值。

　　◆ Null：用 Null 填充所有字段值。

　　◆ Null 或零：用 Null 填充所有文本值，用零填充所有数字值。

　　◆ 从前一行复制：使用前一行的值填充所有字段值。

（2）取值范围为两个字段

　　使用两个日期字段之间的值范围生成新行。此选项仅适用于"日期"以及"日期和时间"数据类型，使用字段中的所有值，并要求两个字段具有相同的数据类型，如图9-26所示。

182

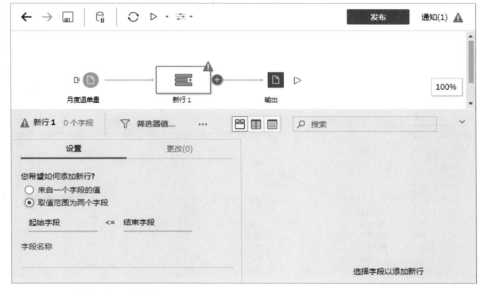

图 9-26　取值范围为两个字段

9.2.3　数据统计分组——聚合

数据分析过程中，我们时常需要调整数据的粒度，以便减少从流程中生成的数据量，或将数据与可能需要联接或合并在一起的其他数据对齐。例如，在将销售额表与客户表联接之前，可能需要按客户聚合销售额数据。如果需要调整数据的粒度，使用"聚合"选项创建用于分组和聚合数据的步骤，对数据进行聚合还是分组取决于数据类型。

在"流程"窗格中，单击"添加"图标，并选择"聚合"操作，"配置"窗格将显示聚合和分组配置。例如将"城市"字段从左侧窗格拖动到"分组字段"窗格，将"销售额"字段拖动到"聚合字段"窗格，将在分组字段级别聚合数据，如图 9-27 所示。

此外，还可以进行下面的操作：
- 在两个窗格之间拖放字段。
- 将特定清理操作应用于字段。
- 在数据列表中搜索特定字段。
- 选择要包括在聚合中的字段。
- 双击字段，将其添加到左侧或右侧窗格。

183

图 9-27　聚合数据

◆ 更改字段的函数以将其自动添加到适当窗格。

◆ 单击"全部添加"或"全部移除"以批量应用或移除字段。

9.2.4　数据行列转换——转置

使用Tableau Prep分析电子表格或者横向交叉表格数据时会遇到一些困难，通常Tableau更倾向于数据是行数据，而不是列数据。如果数据源是列数据，这就需要我们把列数据转置为行数据再进行分析。

如果转置较大的数据集或在一段时间内频繁更改的数据，可以使用通配符模式匹配来搜索与模式匹配的字段，并自动转置数据。不管如何转置字段，都可以直接与结果交互，并执行任何额外的清理操作，还可以使用Tableau Prep的智能命名功能来自动重命名。

在转置数据时，可以使用以下3种选项：将列转置为行；使用通配符搜索，根据模式匹配即时转置字段；将行转置为列。下面将以将列转置为行为例进行详细介绍。

使用将列数据转换为行数据选项，选择要处理的字段，并将数据从列转置为行，主要步骤如下所述。

连接数据源，将要进行转置的表拖放到"流程"窗格，单击"添加"图标，

184

并从上下文菜单中选择"转置"操作，如图9-28所示。

图9-28　添加转置

　　可以在"设置"窗格的"搜索"字段中输入一个值，以在字段列表中搜索要转置的字段。选中"自动重命名转置的字段和值"复选框，使Tableau Prep能够使用数据中的常用值重命名新的转置字段。如果找不到常用值，则使用默认名称。如图9-29所示。

　　从左侧窗格中选择一个或多个字段，并将这些字段拖放到"转置的字段"窗格中的"转置1值"列，如图9-30所示。在"转置的字段"窗格中，单击"添加"图标添加要进行转置的更多列，然后重复上面的步骤以选择要进行转置的更多字段。

　　此外，如果未启用默认命名选项或者Tableau Prep无法自动检测名称，需

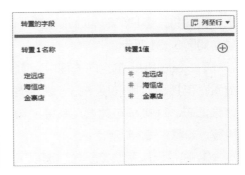

图9-29　"设置"窗格　　　　　　　图9-30　转置的字段

要编辑字段的名称，也可以在此窗格中编辑原始字段的名称，以对数据进行最恰当的描述。

9.2.5　列合并数据集——联接

联接是一种在公共字段上合并相关数据的方法，使用联接合并数据后会产生一个通常通过添加数据字段横向扩展的表，在流程前期进行联接可以帮助了解数据集，揭示出需要关注的数据点。

目前，Tableau Prep支持以下几种联接类型：

① 左联接。对于每一行，包括左侧表的所有行，以及右侧表中任何对应的匹配项。当左侧表中的值在右侧表中没有对应匹配项时，将在联接结果中看到Null值。

② 内部联接。对于每一行，包括在两个表中具有匹配项的值。

③ 右联接。对于每一行，包括右侧表中的所有值，以及左侧表中的对应的匹配项。当右侧表中的值在左侧表中没有对应匹配项时，将在联接结果中看到Null值。

④ 仅左联接。对于每一行，仅包括左侧表中与右侧表中的任何值不匹配的值。右侧表中的字段值在联接结果中显示为Null值。

⑤ 仅右联接。对于每一行，仅包括右侧表中与左侧表中的任何值不匹配的值。左侧表中的字段值在联接结果中显示为Null值。

⑥ 非内部联接。对于每一行，包括右侧和左侧表中不匹配的所有值。

⑦ 完全联接。对于每一行，包括两个表中的所有值。当任一表中的值在另一个表中没有匹配项时，将在联接结果中看到Null值。

将至少两个表添加到"流程"窗格之后，选择并将相关的表拖放到其他表上，例如将"客户信息表"拖放到"订单明细表"上时，直至显示"联接"选项，如图9-31所示。

Tableau Prep将会向流程中添加一个联接步骤，并且设置窗格会显示联接配置，包括已应用联接子句、联接类型、联接结果汇总、联接子句建议、联接子句、联接结果等，如图9-32所示。

① 在"已应用联接子句"选项下，单击加号图标，或在为默认联接条件选择的字段上指

图 9-31　拖放数据表

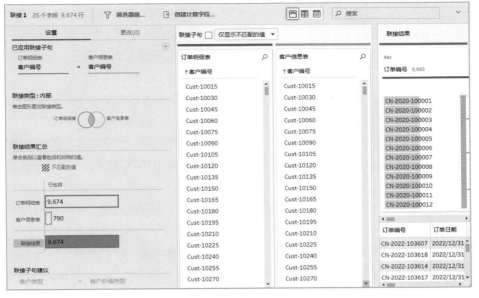

图 9-32　设置窗格

定或编辑联接子句。在联接条件中指定的字段是联接中各表之间的共同字段，如图 9-33 所示。默认情况下，Tableau Prep 基于所联接的表中的共同字段名称定义第一个联接子句，根据需要添加或移除联接子句。

订单明细表		客户信息表
🔍 搜索	=	🔍 搜索
Abc 产品编号		Abc 婚姻状况
Abc 产品名称		Abc 家庭地址
Abc 城市		Abc 客户编号
Abc 地区		Abc 客户价值类型
Abc 订单编号		# 年龄
⊟ 订单日期		Abc 收入
⊟ 发货日期		Abc 手机号码
# 计划配送天数		Abc 性别
Abc 客户编号		Abc 学历
Abc 客户类型		Abc 邮箱地址
Abc 客户姓名		Abc 职业
# 利润额		
# 利润率		
Abc 门店名称		
Abc 商品类别		

图 9-33　显示共同字段

② 在"联接类型"选项下的维恩图中，可以指定所需联接的类型。默认情况下，当创建联接时，Tableau Prep在表之间使用内部联接。根据连接到的数据，也许能够使用左联接、内部联接、右联接、仅左联接、仅右联接、非内部联接或完全联接。

③ 在"联接结果汇总"选项下可以查看由于联接类型和联接条件的原因而包括和排除的字段数，即显示包括在联接的表中和从中排除的值的分布。

④ 在"联接子句建议"选项下显示的建议联接子句，将子句添加到已应用联接子句的列表。单击建议联接子句旁边的加号图标以将其添加到"已应用联接子句"列表。

⑤"联接子句"窗格：可以看到联接子句中每个字段中的值，不符合联接子句条件的值将以红色文本显示。

⑥"联接结果"窗格：如果在"联接结果"窗格中看到要更改的值，可以在此窗格中编辑修改。

9.2.6　行合并数据集——并集

并集是一种通过将一个表的行附加于另一个表来合并数据的方法。例如，可能需要将一个表中的新事务添加到另一个表中过去的事务列表。确保合并的表具有相同的字段数、相同的字段名称，并且字段的数据类型相同。

为了最大程度地提升性能，一个并集最多可以有10个输入。如果需要合并超过10个文件或表，尝试在输入步骤中合并文件。

将至少两个表添加到流程窗格之后，选择并将相关的表拖放到其他表上，例如将"华东地区订单明细_2022"拖放到"西南地区订单明细_2022"上，直至显示"并集"选项，如图9-34所示。

图9-34　拖放数据表

创建并集之后，检查并集的结果以验证并集中的数据是否符合预期。如果要验证合并数据，并集配置显示有关并集的一些元数据，那么在这里就可以看到输入并集的表、生成的字段数，以及任何不匹配的字段，如图9-35所示。

图9-35　显示数据

9.2.7　数据自动建模——预测

应用Tableau Prep内置的预测模型时，会自动将预测结果的新字段添加到流程中。通过在应用模型时选择这些选项，还可以向流程数据添加顶级预测因子和顶级改进字段，顶级预测因子显示对预测贡献最大的因素，顶级改进显示建议采取的行动改善预测结果。

单击流程中的加号图标并从"添加"菜单中选择"预测"，在"设置"选项卡上的"预测"窗格中，在"连接"下拉列表中，连接到的Salesforce服务器，或者，如果已经建立了连接，则从列表中选择的Salesforce服务器，如图9-36所示。

首次连接时会打开一个网页，要求使用的Salesforce凭据登录Salesforce账户，登录后会再打开一个网页，询问是否想允许Tableau访问的Salesforce数据，然后对预测模型进行相应的设置，并将预测数据添加到流程。

最后，将预测模型应用于流程数据后，可以生成流程输出，并使用新数据源在Tableau的行级别分析预测结果。

如果要在流程中配置和使用内置的预测模型预测，需要Salesforce和

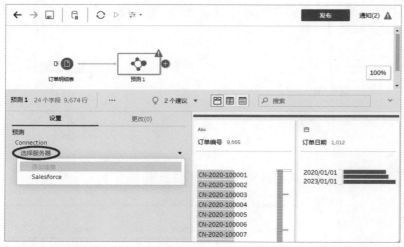

图 9-36　选择服务器

Tableau 中的某些许可证、访问权限和许可（见表9-2和表9-3）。

表9-2　Salesforce要求

要求	描述
Salesforce 许可证	以下许可证之一： Tableau 中的 Einstein Discovery 许可证、Tableau CRM Plus 许可证、Einstein Predictions 许可证。 这些许可证需要额外付费才能获得
Salesforce 用户账户	配置为访问 Einstein Discovery 的账户。 如果使用 Tableau 中的 Einstein Discovery 许可证，则必须为的用户账户分配"通过 Connect API 查看 Einstein Discovery 建议"系统权限。 如果使用 Tableau CRM Plus 许可证或 Einstein Predictions 许可证： 如果要使用已部署的 Einstein Discovery 模型获取预测，该账户必须分配有"查看 Einstein Discovery 建议"系统权限；如果要在 Einstein Discovery 中构建、部署和管理预测，必须为该账户分配"管理 Einstein Discovery"权限
管理员设置	Salesforce 管理员将需要Tableau Prep 扩展程序：配置 Salesforce，以便针对 Tableau Server 创建已连接应用（链接在新窗口中打开）。（仅对于 Tableau Server 是必需的）

表9-3　Tableau Prep 要求

要求	描述
Tableau Prep许可证和权限	"Creator"许可证， 作为 Creator，需要能够登录 Salesforce org账户以访问预测定义并将模型添加到的流程
Tableau 用户账户	在 Tableau Server 和 Tableau Cloud 版本 2021.2 及更高版本中，用户可以保存 Salesforce 用户账户凭据及其 Tableau 用户账户

要求	描述
管理员设置	Tableau Server 管理员需要将 Tableau Server 配置为与 Einstein Discovery for Tableau Prep 集成。有关详细信息，参见 Tableau Server 帮助中的配置 Einstein Discovery 集成

9.2.8　保存与共享数据——输出

如果要创建流程输出，运行流程。运行流程时，所做的更改将应用于整个数据集。运行流程会生成 Tableau 数据源 (.tds) 和 Tableau 数据提取 (.hyper) 文件。

可以依据流程输出创建数据提取文件，以便在 Tableau Desktop 中使用，或与第三方共享数据。采用以下格式创建数据提取文件：

◆Hyper 数据提取 (.hyper)：这是最新的 Tableau 数据提取文件类型，并且只能由 Tableau Desktop 或 Tableau Server 版本 10.5 及更高版本使用。

◆逗号分隔值 (.csv)：将数据提取保存到 .csv 文件以与第三方共享数据。导出的 CSV 文件的编码将为带 BOM 的 UTF-8。

◆Microsoft Excel (.xlsx)：从版本 2021.1.2 开始，可以将流程数据输出到 Microsoft Excel 电子表格。不支持旧版 Microsoft Excel .xls 文件类型。

Tableau Prep 创建数据提取到文件的步骤如下所述。

① 单击步骤上的加号图标，并选择添加"输出"步骤，单击输出步骤上的运行流程按钮，"输出"窗格将打开，并显示数据的快照，如图 9-37 所示。

图 9-37　数据的快照

9

Tableau Prep 数据清洗与处理

191

② 在左侧窗格中，从"将输出保存到"下拉列表中选择"文件"，如图9-38所示。

③ 单击"浏览"按钮，然后在"将数据提取另存为"对话框中输入文件的名称，并单击"接受"，如图9-39所示。

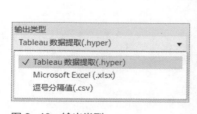

图9-38　选择"文件"　　　　图9-39　输入文件名称

④ 在"输出类型"字段中，从以下输出类型中进行选择：Tableau数据提取(.hyper)、Microsoft Excel（.xlsx）、逗号分隔值(.csv)，这里选择"Tableau数据提取(.hyper)"选项，其他输出类型与此类似，如图9-40所示。

⑤ 在"写入选项"部分，查看用于将新数据写入文件并根据需要进行任何更改的默认写入选项，如图9-41所示。

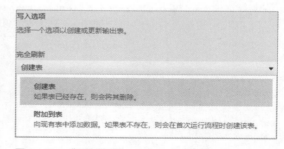

图9-40　输出类型　　　　　图9-41　"写入选项"

◆ 创建表：此选项创建新表，或将现有表替换为新输出。

◆ 附加到表：此选项将新数据添加到现有表中。如果表不存在，将创建一个新表，后续运行会将新行添加到此表。对于"逗号分隔值(.csv)"输出类型不支持该功能。

⑥ 单击"运行流程"按钮以运行流程，会弹出运行流程的对话框，显示已完成运行流程以及花费的总时间，如图9-42所示，可以在指定的目录下查看生成的Tableau数据提取文件，如图9-43所示。

图 9-42　已完成运行流程以及花费的总时间

图 9-43　文件输出位置

9.3　保存处理流程

9.3.1　保存数据处理流程

在Tableau Prep中，可以手动保存流程，流程以Tableau Prep流程(.tfl)文件格式保存。就像Tableau Desktop中打包工作簿用于共享一样，Tableau Prep也可以随流程一起打包本地文件，包括Excel文件、文本文件和Tableau数据提取文件，从而实现与其他人共享。但是Tableau Prep只能随流程一起打包本地文件，而不能打包来自数据库的数据。

在Tableau Prep中，如果要随流程一起打包数据文件，在界面执行以下操作之一：

◆ 选择【文件】|【导出打包流程】选项，如图9-44所示。

◆ 选择【文件】|【另存为】。然后，在"另存为"对话框中，从"另存为类型"下拉菜单中选择"打包Tableau流程文件"选项，如图9-45所示。

图 9-44　"导出打包流程"　　图 9-45　保存类型

9.3.2　创建发布的数据源

单击步骤上的加号图标，并选择添加"输出"步骤，打开"输出"窗格，并显示已发布数据源的设置和数据的快照，如图 9-46 所示。

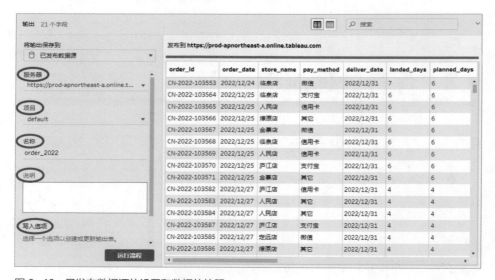

图 9-46　已发布数据源的设置和数据的快照

从"将输出保存到"下拉列表中，选择"已发布数据源"选项，填写以下信息。

◆服务器：选择要在其中发布数据源和数据提取的服务器。

◆项目：选择要在其中加载数据源和数据提取的项目。

◆名称：输入文件名。

◆ 说明：输入数据源的说明。

在"写入选项"下拉框中，查看用于将新数据写入文件并根据需要进行任何更改的默认写入选项。

◆ 创建表：用于创建新表，或将现有表替换为新输出。

◆ 附加到表：用于将新数据添加到现有表中，如果表不存在，将创建一个新表，后续运行会将新行添加到此表。

最后，单击"运行流程"按钮以运行流程并发布数据源。

图 9-47　"数据库"选项

9.3.3　保存流程数据到数据库

Tableau Prep可以将流程数据保存到外部数据库中，具体操作步骤如下所述。

① 单击步骤上的加号图标，并选择添加"输出"步骤，从"将输出保存到"下拉列表中，选择"数据库"选项，如图9-47所示。

② 在"设置"选项卡的"连接"下拉列表中，选择要在其中写入流程输出的数据库连接器，如图9-48所示。

连接可以是用于流程输入的连接器的同一连接器或其他连接器，系统将提示登录，这里选择"mysql"数据库，如图9-49所示。

③ 在"表"下拉列表中，选择要在其中保存流程输出数据的表。根据所选的"写入选项"选项，将创建一个新表，流程数据将替换表中的任何现有数据，或者流程数据将添加到现有表中，如图9-50所示。

④ 输出窗格将显示数据的快照，比较显示流程中与表中匹配的字段，如果表是新的，则显示字段一对一匹配，如图9-51所示。

图 9-48　"连接"下拉列表

图 9-49　选择数据库

图 9-50　创建表

图 9-51　数据快照

　　如果存在任何不匹配字段，"状态"列会显示错误信息，图9-51中没有错误信息。

　　a. 出现不匹配情况：

　　字段将被忽略，字段存在于流程中，但不在数据库中。除非选择"创建表"写入选项并执行完全刷新，否则不会将该字段添加到数据库表中。然后将流程字段添加到数据库表并使用流程输出架构。

　　字段将包含Null值，字段存在于数据库中，但不在流程中。流程将Null值传递到字段的数据库表。如果该字段确实存在流程中，但由于字段名不同而不匹配，可以导航到清理步骤并编辑字段名以匹配数据库字段名。

　　b. 出现错误情况：

　　字段数据类型不匹配，分配给流程中字段和向其中写入输出的数据库表的数据类型必须匹配，否则流程将失败，可以导航到清理步骤并编辑字段数据类型来修复问题。

　　⑤ 设置"写入选项"选项，可以为完全刷新和增量刷新选择其他选项，并在选择流程运行方法时应用该选项，如图9-52所示。

　　◆附加到表：将数据添加到现有表中，如果表不存在，则在首次运行流程时创建该表，并在每次后续流程运行时将数据添加到该表中。

　　◆创建表：将创建新表，如果具有相同名称的表已存在，则删除现有表并替换为新表。为表定义的任何现有数据结构或属性也将被删除，并替换为流程数据

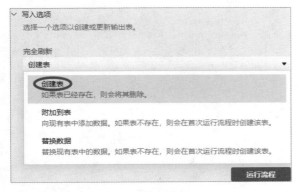

图 9-52　为完全刷新选择"创建表"选项

结构。流程中存在的任何字段都将添加到新的数据库表中。

◆替换数据：此选项删除现有表中的数据并将其替换为流程中的数据，但保留数据库表的结构和属性。

⑥ 单击"自定义SQL"选项卡并输入SQL脚本，可以输入要在将数据写入表之前和之后运行的脚本，如图9-53所示。单击"运行流程"按钮以运行流程并将数据写入所选的数据库中。

图 9-53　输入 SQL 脚本

10

Tableau Prep
数据角色和参数

▼

在数据处理过程中，数据角色确定数据值所代表的意义，使
Tableau Prep能够自动验证值并突出显示对于该角色无效的值。
此外，如果经常使用具有相同架构的不同数据重复使用流程，则
可以创建参数并将其应用于流程，以轻松地在场景之间转换。本
章介绍Tableau Prep数据处理过程中的数据角色和参数应用。

10.1　数据角色与验证数据

10.1.1　为数据分配数据角色

Tableau Prep 提供无、地理、电子邮件、URL4 种数据角色，软件可以使用数据角色来快速确定字段中的值是否有效。分配数据角色时，Tableau Prep 会将为数据角色定义的标准值与字段中的值进行比较，任何不匹配的值都用红色感叹号标记，如图 10-1 所示。

Tableau Prep 采用与分配数据类型相同的方式，将提供的数据角色分配给字段。例如，对订单数据中的"城市"字段分配数据角色"城市"，如图 10-2 所示，Tableau Prep 会将这些字段中的值与一组已知的域值或模式进行比较来确定不匹配的值。

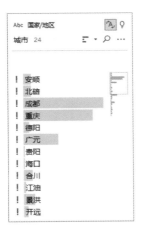

图 10-1　确定值是否有效　　图 10-2　分配数据角色"城市"

10.1.2　创建自定义数据角色

可以使用数据集中的字段值创建自己的自定义数据角色，选择要使用的字段，将任何清理操作应用于该字段，然后将该字段发布到 Tableau Server 或 Tableau Cloud，以在流程中使用它或与他人共享数据角色。

在"配置"窗格、"数据"网格中，选择要用于创建自定义数据角色的字段。为该字段单击"更多选项"，并选择"发布为数据角色"选项，如图 10-3 所示。

选择要在其中发布数据角色的服务器，可以是Tableau Server或Tableau Cloud，这里我们通过Tableau Cloud进行发布，如图10-4所示。最后单击"运行流程"按钮以创建数据角色，如图10-5所示。

发布成功后，就可以在Tableau Cloud中查看上述创建的自定义数据角色，如图10-6所示。

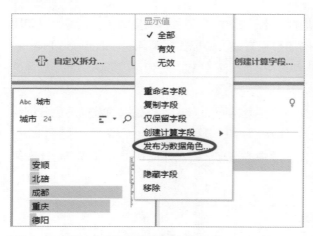

图10-3 "发布为数据角色"选项

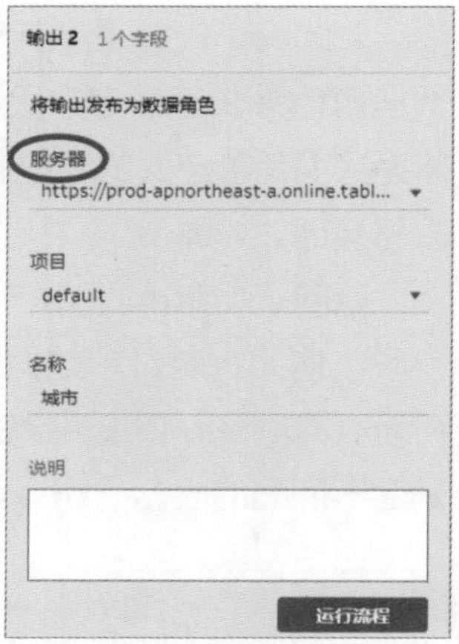

图10-4 选择发布服务器

图10-5 已创建数据角色

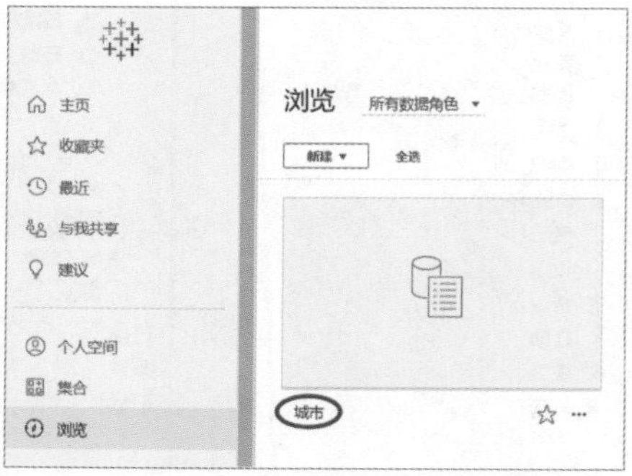

图10-6 "城市"数据角色

此外，与上述创建"城市"数据角色的操作类似，还可以创建"省份""电子邮件"等数据角色，如图10-7所示。

10.1.3 应用自定义数据角色

在"配置"窗格、"数据"网格中，单击要在其中应用自定义数据角色的字段的数据类型，选择"自定义"选项，然后选择要应用于字段的数据角色，例如

		类型	↑名称	操作	位置	所有者	修改时间
□	☆		城市	⋯	default	.wren	2023年4月20日 下午11:16
□	☆		电子邮件	⋯	default	.wren	2023年4月21日 上午12:44
□	☆		省份	⋯	default	.wren	2023年4月21日 上午12:41

浏览　所有数据角色　▾

新建 ▾　全选　　排序依据：名称(a-z)↑

图10-7　其他数据角色

"城市"，右侧会弹出对应的信息，如图10-8所示。

　　Tableau Prep会将字段的数据值与所选数据角色的已知域值进行比较，并用红色感叹号标记任何不匹配的值，如图10-9所示。

　　单击字段的下拉箭头，并从"显示值"部分选择一个选项，以显示所有值或仅显示对于数据角色有效或无效的值，使用字段的"更多选项"菜单中的清理选项来更正无效的任何值，如图10-10所示。

图10-8　选择自定义数据角色

图10-9　标记不匹配值

图10-10　筛选无效数据

10.1.4　管理自定义数据角色

　　可以在Tableau Server和Tableau Cloud上查看及管理发布的自定义数据角色。可以查看发布到的站点或服务器的所有自定义数据角色。

　　针对所选数据角色单击"更多操作"，以将其移到其他项目、更改权限或将其删除，从而管理自定义数据角色，如图10-11所示。

浏览　　所有数据角色　▾

新建　▾　全选

		类型	↑名称	操作	位置	所有者	修改时间
☐	☆	🗄	城市	⋯	default	.wren	2023年4月20日 下午11:16
☐	☆	🗄	电子邮件	添加到集合...		.wren	2023年4月21日 上午12:44
☐	☆	🗄	省份	移动... 权限... 更改所有者...		.wren	2023年4月21日 上午12:41
				删除...			

图 10-11　管理自定义数据角色

10.1.5　对类似值进行分组

如果为字段分配地理数据角色，可以使用数据角色中的值，基于拼写和发音对数据字段中的值进行分组和匹配，从而使数值标准化。可以使用"拼写"或"拼写＋发音"对无效值进行分组，并将其与有效值匹配。

这些选项使用数据角色定义的标准值。如果数据集中没有标准值，Tableau Prep会自动添加该值，并将值标记为不在原始数据集中。

单击字段右侧的"更多选项"，选择"将值分组"，然后选择手动选择、发音、常用字符和拼写选项，如图10-12所示。

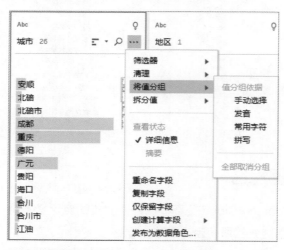

图 10-12　选择将值分组

① 手动选择：按手动选择对数值进行分组。

② 发音：根据值的发音对数值进行分组。

③ 常用字符：基于值中的常用字符对数值进行分组。

④ 拼写：根据值的拼写对数值进行分组。

还可以单击字段右上方的"建议"图标将建议应用于组，并将无效值替换为有效的值，如图10-13所示。此选项使用"发音+拼写"值分组选项。

Tableau Prep 按拼写或者拼写和发音比较各个值，然后依据数据角色的标准化值对类似的值进行分组。例如将"北碚"和"北碚市"可以分组为"北碚"，如图10-14所示。

图10-13　使用"建议"

图10-14　城市类似值分组

10.2　创建与应用参数

10.2.1　参数应用场景

参数是全局占位符值，例如可替换流程中的常量值的数字、文本值或布尔值。

现在可以构建一个流程并使用参数来运行具有不同数据集的流程，而不是构建和维护多个流程。例如，可以为不同的销售区域创建一个参数，然后将参数应用于输入文件路径以仅使用该区域的数据运行流程。

参数可应用于文件名、路径、表名、筛选器表达式和计算字段，具体取决于步骤类型。表10-1列出了可以为每个步骤类型应用参数的位置。

表10-1 为每个步骤类型应用参数的位置

步骤类型	参数位置
输入	连接到文件：在文件名或文件路径中使用参数 连接到数据库：在表名和自定义SQL中使用参数 表达式编辑器：筛选器
输出	输出到文件：在文件名或文件路径中使用参数 输出到服务器：在已发布数据源名称中使用参数 输出到数据库：为表名称使用参数，在将流程输出写入数据库之前或之后运行的SQL脚本中使用参数
清理、新建行、转置、联接、合并	表达式编辑器：筛选器和计算字段值
聚合	表达式编辑器：筛选器
脚本	表达式编辑器：筛选器和计算字段值
预测	表达式编辑器：筛选器和计算字段值

10.2.2 创建参数

参数特定于使用参数的流程。通过顶部菜单创建参数，然后定义适用于它们的值。还可以定义接受所有值的参数，这意味着用户在运行任何流程时可以输入任何值。

可以将流程参数值设为必需或可选。运行流程时，系统会提示用户输入参数值。必须先输入所需的参数值，然后用户才能运行流程。可以输入可选参数值，也可以接受当前默认值。然后将参数应用于使用该参数的任何地方的流程运行。

从顶部菜单中，单击"参数"图标，然后单击"创建参数"按钮，如图10-15所示。

在"创建参数"对话框中，输入名称和描述，参数名称必须唯一，这是添加参数时显示在用户界面中的值，如图10-16所示。如果包括描述，用户可以在将鼠标悬停在参数列表中或参数使用位置中时看到此信息。

数据类型：参数值必须与选择的数据类型相匹配。

当前值：这是一个必需的值，用作参数的默认值。

允许值：这些是用户可以在参数中输入的值。

◆ 全部：此选项允许用户为参数键入任何值，即使在运行流程时也是如此。

创建参数
定义用户在 Tableau Prep Builder 或网站上运行流程时可以指定的变量。
创建参数
西南地区
客户信息表

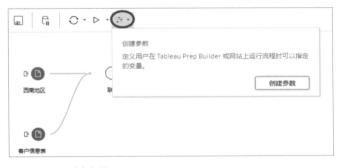

图 10-15　创建参数

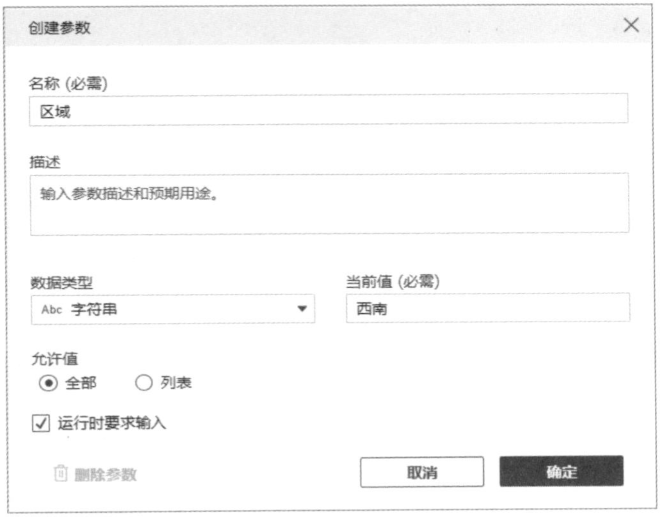
创建参数
名称 (必需)
区域
描述
输入参数描述和预期用途。
数据类型
Abc 字符串
当前值 (必需)
西南
允许值
全部
列表
运行时要求输入
删除参数
取消
确定

图 10-16　“创建参数”对话框

◆ 列表：输入用户可在应用参数时从中进行选择的值列表。如果要输入多个值，在每次输入后按 Enter。

运行时要求输入：这会将参数设为必需。用户在运行或计划流程时需要输入一个值。单击“确定”保存参数。

10.2.3　编辑参数

可以随时更改值。可以从顶部菜单，或使用参数列表上的“设置”按钮编辑参数。在流程中，可以在应用参数的任何位置使用“设置”按钮。执行此操作时，它会在使用该参数的任何地方重置参数的当前（默认）值，即使在自定义 SQL 查询中也是如此。

从顶部菜单中，单击"参数"  图标，单击"编辑参数"，如图10-17所示。

在"编辑参数"对话框中，修改"运行时要求输入"选项，进行任何更改，然后单击"确定"，如图10-18所示。

图 10-17 单击"编辑参数"

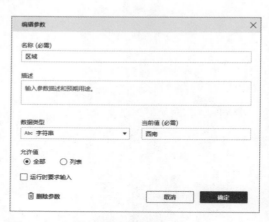

图 10-18 "编辑参数"对话框

10.2.4 应用于输入步骤

在输入步骤中，可以使用参数来替换文件名、文件路径部分、数据库表名，或者在使用自定义SQL时使用参数。

将参数应用于文件名或路径，在"设置"选项卡的文件路径中，将光标置于要添加参数的位置，单击参数图标并选择的参数，如图10-19所示。

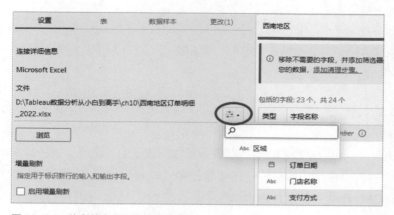

图 10-19 将参数应用于文件名或路径

查看参数值的预览,如图
10-20所示。当前默认值显示在
预览中。运行流程时,系统会提
示选择或输入参数值。

10.2.5 应用于输出步骤

在输出步骤中,可以在以下
位置使用参数:文件名、文件路
径的部分、已发布数据源名称、
数据库表名称、Microsoft Excel
工作表名称,以及在将流程输出
数据写入数据库之前或之后运行
的自定义SQL脚本。

文件名或文件路径,在"输
出"窗格中,从"将输出保存到"
下拉列表中选择"文件"。

图 10-20　查看参数值预览

图 10-21　单击参数图标并选择参数

在"名称"或"位置"字段中,单击参数图标并选择参数,如图10-21所
示。对于文件路径,将光标置于要添加参数的位置,单击参数图标并选择参数。
运行流程时,系统会提示输入参数值。

10.2.6 应用于筛选器计算

使用参数来筛选整个流程中的数据。在输入步骤中筛选数据集或在步骤或字
段值级别应用筛选器的参数。例如,使用筛选器参数以便只为特定区域输入数
据,或将步骤中的数据筛选到特定部门。

在"添加筛选器"计算编辑器中,输入参数名称以从列表中选择它,参数
显示为紫色,如图10-22所示,然后单击"保存"以保存筛选器,运行流程时,
系统会提示输入参数值。

10.2.7 应用于计算字段

使用参数替换在整个流程中使用的计算中的常量值。可以在步骤或字段值级

图 10-22　参数显示为紫色

别应用计算参数。

　　从配置窗格的工具栏中，单击"创建计算字段"。如果要将参数添加到字段的计算中，从"更多选项"菜单中选择"创建计算字段"下的"自定义计算"选项，如图10-23所示。

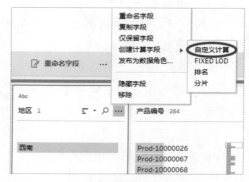

图 10-23　"自定义计算"

　　在"添加字段"计算编辑器中输入计算，如图10-24所示，键入参数的名称以从列表中选择它，然后单击"保存"按钮以保存计算，运行流程时，系统会提示输入参数值。

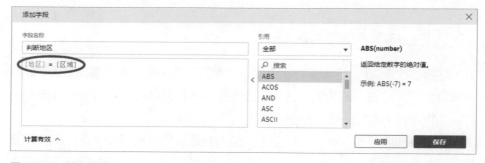

图 10-24　输入计算

10.2.8　删除创建的参数

　　如果要删除不再需要的参数，单击"编辑参数"对话框中的"删除参数"。这将删除整个流程中使用的参数的任何实例，并将其替换为参数的"当前值"，

208

此操作无法撤销。

　　从顶部菜单中单击参数图标下拉菜单，然后为要删除的参数单击"编辑参数"，在"编辑参数"对话框中，单击"删除参数"，如图10-25所示。

图 10-25　"删除参数"

11

Tableau Prep
高级应用

▼

Tableau Prep还可以运用在复杂的数据分析过程中，例如需要通过表达式或代码才能实现的数据处理，包括排名与分片计算，以及与常见的R和Python语言的集成，本章将详细介绍其操作步骤及其注意事项。

11.1　排名和分片计算

11.1.1　详细级别计算

数据分析过程中，经常需要在同一表中以多个粒度级别计算数据，那么可以编写详细级别（LOD）表达式来实现，Tableau Prep支持FIXED详细级别表达式，使用如下的语法：

$$\{FIXED[Field1],[Field2]:Aggregation[Field]\}$$

其中，LOD表达式中有两个用冒号分隔的部分，含义如下所述。

◆FIXED [字段]：必需，要进行聚合计算的一个或多个字段。

◆Aggregation ([字段])：必需，选择要计算的内容以及所需的聚合级别。

在Tableau Prep中使用详细级别功能时，仅支持在LOD表达式内部使用聚合计算。例如，要查找订单数据中每个区域的销售额，可以编写如下的公式：

$$\{FIXED[Region]:SUM([Sales])\}$$

如果要创建详细级别计算，也可以使用计算编辑器实现，具体操作如下：

在"配置"窗格工具栏中单击"创建计算字段"功能，或者在"配置"窗格中单击"更多选项"，并选择"创建计算字段"下的"自定义计算"选项，如图11-1所示。

图 11-1　"自定义计算"

在计算编辑器中，输入计算的名称并输入表达式。例如，要按商品类型查找每个客户的最大订单金额，表达式为：

$$\{FIXED[cust\_name],[category]:MAX([sales])\}$$

创建"商品最大订单金额"的字段，如图11-2所示。

图11-2　创建"商品最大订单金额"的字段

通过上面的操作就可以筛选出每名客户在不同商品类型下的最大订单金额，共有1496条数据，结果如图11-3所示，可以进一步查看具体的明细。

图11-3　显示筛选结果

上述是通过表达式的角度进行计算，如果希望获得更多指引，则可以使用可视化计算编辑器，在可视化计算编辑器中创建详细级别计算，主要操作如下：

① 在"配置"窗格中，单击相应字段名称右侧的"更多选项"，并选择"创建计算字段"下的"FIXED LOD"选项，如图11-4所示。

② 在"分组依据"选项部分，选择要为其计算值的字段，单击加号图标添加任何其他字段，这将填充表达式的左侧，即"{FIXED [Field1],[Field2]："。

③ 在"计算依据"选项部分，选择用于计算新值的字段，然后选择聚合类型，这里选择最大值"MAX"选项，这将填充表达式的右侧，即"Aggregation［Field］}"。

④ 字段下方的水平箱形图显示值的分布和每个值组合的总数。

⑤ 点击右上方的"完成"按钮，如图11-5所示。

图11-4　"FIXED LOD"

图11-5　详细级别计算

11.1.2　分析函数介绍

分析函数能够对整个表或数据集中的所选行执行计算。例如，在将排名应用于所选行时，可以使用以下计算语法：

$$\{PARTITION[Field]:\{ORDERDY[Field]ASC:RANK()\}\}$$

参数具体含义如下所述。

◆PARTITION：可选，指定要对其执行计算的行。可以指定多个字段，但如果要使用整个表，省略此部分，Tableau Prep会将所有行视为分区。

◆ORDERBY：必需，指定要用于生成排名序列的一个或多个字段。

◆DESC或ASC：可选，表示降序（DESC）或升序（ASC）顺序，默认降序。

◆RANK()：必需，指定要计算的排名类型或ROW_NUMBER()。

也可以在函数中同时包括两个选项。例如，要对所选行进行排名，但又希望按升序对行进行排序，然后按降序应用排名，表达式如下：

{PARTITION[region],[province]:{ORDERBY[sales]ASC,[category]DESC:RANK()}}

下面介绍Tableau Prep支持的分析函数。

（1）RANK()

函数从1开始按升序或降序为每一行分配整数排名。如果行具有相同的值，则它们共享分配给该值的第一个实例的排名。在计算下一行的排名时，将添加具有相同排名的行数，因此可能无法获得连续排名值。

例如：{ORDERBY [amount] DESC: RANK()}，如图11-6所示。

（2）RANK_DENSE()

从1开始按升序或降序为每一行分配整数排名。如果行具有相同的值，则它们共享分配给该值的第一个实例的排名，但不会跳过任何排名值，因此会看到连续排名值。

例如：{ORDERBY [amount] DESC: RANK_DENSE()}，如图11-7所示。

RANK	province	category	amount
1	内蒙古	家具类	196
1	内蒙古	办公类	196
1	四川	家具类	196
1	青海	技术类	196
5	重庆	家具类	193
6	湖北	家具类	189

图11-6　RANK() 函数的应用

province	category	amount	RANK_DENSE
内蒙古	家具类	196	1
内蒙古	办公类	196	1
四川	家具类	196	1
青海	技术类	196	1
重庆	家具类	193	2
湖北	家具类	189	3

图11-7　RANK_DENSE() 函数的应用

（3）RANK_MODIFIED()

从1开始按升序或降序为每一行分配整数排名。如果行具有相同的值，则它们共享分配给该值的最后一个实例的排名。

RANK_MODIFIED()的计算方式为：

$$\text{Rank}+(\text{Rank}+\text{Number of duplicate rows}-1)$$

例如：{ORDERBY [amount] DESC: RANK_MODIFIED()}，如图11-8所示。

（4）RANK_PERCENTILE()

从0到1按升序或降序为每一行分配百分比排名。如果出现平局，Tableau Prep会向下舍入，类似于SQL中的PERCENT_RANK()。

RANK_PERCENTILE()的计算方式为：

$$(\text{Rank}-1)/(\text{Total rows}-1)$$

例如：{ORDERBY [amount] DESC: RANK_PERCENTILE()}，如图11-9所示。

province	category	amount	RANK_MODIFIED()
内蒙古	家具类	196	4
内蒙古	办公类	196	4
四川	家具类	196	4
青海	技术类	196	4
重庆	家具类	193	5
湖北	家具类	189	7

图11-8　RANK_MODIFIED() 函数的应用

province	category	amount	RANK_PERCENTILE
内蒙古	家具类	196	0
内蒙古	办公类	196	0
四川	家具类	196	0
青海	技术类	196	0
重庆	家具类	193	0.04494382022472
湖北	家具类	189	0.0561797752809

图11-9　RANK_PERCENTILE() 函数的应用

（5）ROW_NUMBER()

为每个唯一行分配连续的行ID，不会跳过任何行号值，如果具有重复行并使用此计算，则每次运行流程时行的顺序发生更改，结果可能会发生变化。

例如：{ORDERBY [amount] DESC: ROW_NUMBER()}，如图11-10所示。

11.1.3　创建排名计算

如果要创建排名或行号计算，可以使用计算编辑器自行编写计算。如果希望获得更多指引，则可以使用可视化计算编辑器，可以在其中选择字段，Tableau Prep将为其编写计算。

province	category	amount	ROW_NUMBER()
内蒙古	家具类	196	1
内蒙古	办公类	196	2
四川	家具类	196	3
青海	技术类	196	4
重庆	家具类	193	5
湖北	家具类	189	6

图11-10　ROW_NUMBER() 函数的应用

使用计算编辑器创建任何支持的
RANK()或ROW_NUMBER()计算。
支持的分析计算列表显示在计算编辑
器中"分析"下的"参考"下拉列
表中。

在"配置"窗格工具栏中单击
"创建计算字段",或在配置卡或数据
网格中单击"更多选项"菜单,并在
"创建计算字段"下选择"自定义计
算"选项,如图11-11所示。

在计算编辑器中,输入计算的名
称,并输入表达式。例如,要查找每
位客户的最新订单,创建如下的计算,表达式如下:

图11-11 "自定义计算"

$$\{PARTITION[cust\_name]:\{ORDERBY[order\_date]:RANK()\}\}$$

在计算编辑器中,将新字段命名为"客户最新订单",并使用RANK()函数,
点击"保存"按钮,如图11-12所示。

然后,通过"选定值"仅保留使用数字1排名的客户订单行,如图11-13
所示。

图11-12 输入表达式并保存

在筛选器页面中，在"只保留"中选择"1"，即仅保留使用数字1排名的客户订单数据，点击"完成"按钮，如图11-14所示。

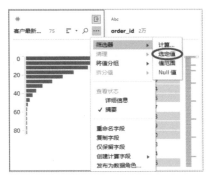

图11-13 "选定值"

图11-14 "只保留"

可以看出客户最新订单只有1550条，如图11-15所示。

与创建详细级别计算时一样，也可以使用可视化计算编辑器来生成排名计算。选择要在计算中包括的字段，然后选择用于对行进行排名的字段，以及要计算的排名类型，主要操作如下：

① 在"配置"窗格中，单击相应字段名称右侧的"更多选项"，并选择"创建计算字段"下的"排名"选项，如图11-16所示。

图11-15 显示筛选结果

图11-16 选择"排名"选项

② 在"分组依据"部分，选择要为其计算值的字段，例如在下拉框中选择"cust_name"，对于创建计算的Partition部分，单击加号图标以将任何其他字段添加到计算中。

③ 在"排序依据"部分，选择用于对新值进行排名的字段，例如"order_date"，还可以单击加号图标添加其他字段，然后选择"排名"类型。

④ 在左侧窗格中，可以双击标题"计算1"修改计算名称。

⑤ 最后，单击"完成"按钮，如图11-17所示。

图 11-17　设置排名参数

可以通过"筛选器"筛选出客户最新订单的数据，还可以单击"编辑"打开可视化计算编辑器以进行任何更改，如图11-18所示。

图 11-18　编辑排名参数

11.1.4　创建分片计算

通过创建计算字段，使用"分片"功能将行分布到指定数量的存储桶中。例如，对于2022年企业在全国各个省份的销售额数据，想查看哪些省份在前10%和后10%，可以将数据分组为10个分片，此方法的表达式为：

$$\{ORDERBY[sales]DESC:NTILE(10)\}$$

然后添加筛选器，通过上面的操作就可以筛选出哪些省份在前10%和后10%，结果如图11-19所示，可以进一步查看具体的明细数据。

与创建详细级别计算一样，也可以使用可视化计算编辑器来生成分片计算，操作如下：

① 在"配置"窗格中，单击相应字段名称右侧的"更多选项"，并选择"创建计算字段"下的"分片"选项。

② 在"分组依据"选项部分，选择要为其计算值的字段，例如选择

218

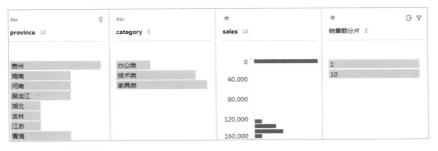

图 11-19　筛选的结果

"category"字段，单击加号图标添加任何其他字段，如图11-20所示。

计算1　10	分片			完成
	分组依据 ⊕	分片间距	排序顺序	⊕
	category ▾	分片 10 ▴▾	sales ▾	
1	办公类	1	125,880.41	
2	办公类	1	120,246.95	
3	办公类	1	120,127	
4	办公类	2	106,617.76	
5	办公类	2	104,922.61	
6	办公类	2	99,084.19	
7	办公类	3	97,744.67	
8	办公类	3	94,445.2	

图 11-20　选择要为其计算值的字段

③ 在"分片间隔"选项部分，需要输入分片的数量，这里输入"10"。

④ 在"排序顺序"选项部分，输入排序字段，以及选择升序或降序顺序。

⑤ 点击右上方的"完成"按钮，然后添加筛选器，通过上面的操作就可以筛选出哪些省份在前10%和后10%。

11.2　集成 R 环境

11.2.1　环境集成概述

从 Tableau Prep 2019.3.1 开始，可以使用 R 和 Python 脚本来执行更复杂的清理操作，或者在流程中并入预测建模数据。数据通过 R 或 Python 脚本步骤以输入形式从流程中传递，然后以可以使用Tableau Prep的功能和函数继续清理的输出数据的形式返回。

搭建Tableau Prep集成环境，首先需要配置Rserve服务器或Tableau Python（TabPy）服务器，然后将脚本步骤添加到流程中。Tableau Prep将数据传递到Rserve for R或用于Python的Tableau Python服务器（TabPy），再以表的形式将生成的数据返回流程，可以继续将清理操作应用到结果并生成分析输出。

创建脚本时，需要包含一个函数，该函数将数据框架指定为函数的参数。如果要返回不同于输入的字段，则需要在脚本中包含定义输出和数据类型的getOutputSchema函数。否则，输出将使用输入数据中的字段。

11.2.2 安装R环境

R是一种用于统计计算和图形的开源软件编程语言和软件环境。为了扩展Tableau Prep的功能，可以用R创建脚本以在通过Rserve服务器运行的流程中使用，生成可在流程中进一步处理的输出。

例如，想要使用R语言脚本向流程中已有的数据中添加统计建模数据或预测数据，然后使用Tableau Prep的功能清理生成的数据集以进行分析。

在流程中包括R脚本，需要在Tableau Prep和Rserve服务器之间配置连接。然后，可以使用R脚本，通过R表达式将支持的函数应用于流程中的数据。输入配置详细信息并将Tableau Prep指向要使用的文件和函数后，系统会将数据安全地传递到Rserve服务器，应用表达式，并以根据需要清理或输出的表（R data.frame）的形式返回结果。

在流程中包括R脚本步骤，需要安装R并配置与Rserve服务器的连接。

① 下载并安装R。我们这里使用R软件的版本为R 4.2.0，软件可从R的官方网站下载。

在R的下载页面，我们可以下载需要的版本，在同一台电脑中可以安装多个版本的R软件，但是需要注意如何使用Rstudio配置R对应的版本。

② 下载并安装Rserve。为了使用新的脚本函数，需要安装一个Rserve用来连接Tableau，在R控制台中输入以下命令：

```
install.packages("Rserve")
library(Rserve)
Rserve()
```

11.2.3　集成 R 脚本

⬤　（1）创建 R 脚本

创建脚本时，包括一个指定数据框架作为函数参数的函数。这将从 Tableau Prep 中调用数据，还需要使用支持的数据类型在数据框架中返回结果。

例如根据花瓣的长度和宽度，对150个花的样本数据进行 K-Means 聚类分析，代码如下：

```
postal_cluster <- function(df) {
  out <- kmeans(cbind(df$PetalLength, df$PetalWidth), 3, iter.
max=10)
  return(data.frame(PetalLength=df$PetalLength,PetalWidth=df$Pet
alWidth, Cluster=out$cluster))
}
```

Tableau Prep 中的数据类型与 R 中的数据类型对应关系如表11-1。

表11-1　数据类型对应关系

Tableau Prep 数据类型	R 数据类型
字符串	标准 UTF-8 字符串
十进制	双精度
整数	整数
布尔值	逻辑
日期	ISO_DATE 格式"YYYY-MM-DD"的字符串，带有可选区域偏移。例如，"2011-12-03+01:00"是有效日期
日期时间	ISO_DATE_TIME 格式"YYYY-MM-DDT:HH:mm:ss"的字符串，带有可选区域偏移。例如，"2011-12-03T10:15:30+01:00"是有效日期

在 Tableau Prep 中如果要返回不同于输入的字段，则需要在脚本中包含定义输出和数据类型的 getOutputSchema 函数。否则，输出将使用输入数据中的字段，这些字段是从流程中脚本步骤之前的步骤中获取的。

在 getOutputSchema 中指定字段的数据类型，R 中的对应函数如表11-2。

表11-2　R 中的函数

指定的数据类型	R 中的函数
字符串	prep_string ()
十进制	prep_decimal ()

指定的数据类型	R中的函数
整数	prep_int ()
布尔值	prep_bool ()
日期	prep_date ()
日期时间	prep_datetime ()

在Tableau Prep中，postal_cluster脚本的getOutputSchema函数如下：

```
getOutputSchema <- function() {
  return (data.frame (
    PetalLength = prep_decimal (),
    PetalWidth = prep_decimal (),
    Cluster = prep_int ()));
}
```

（2）连接到的 Rserve 服务器

选择【帮助】|【设置和性能】|【管理分析扩展程序连接】选项，在"选择分析扩展程序"下拉列表中，选择"Rserve"选项，如图11-21所示。

输入如下的设置选项。

◆服务器：输入服务器地址，端口6311是纯文本Rserve服务器的默认端口。

◆用户名和密码：如果服务器需要凭据，输入用户名和密码。

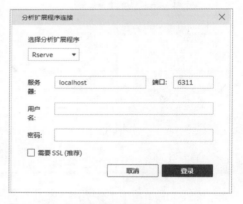

图11-21　设置分析扩展程序

◆需要SSL：如果服务器使用SSL加密，选中"需要SSL（推荐）"复选框，为连接指定证书。

Tableau Prep未提供测试连接的方式。如果连接存在问题，则会在尝试运行流程时显示一条错误消息。

（3）向流程中添加脚本

启动Rserve服务器，然后完成以下步骤。

打开Tableau Prep并单击"添加连接"按钮。单击加号图标，并从上下文菜单中选择添加"脚本"按钮，脚本文件如下：

```
getOutputSchema <- function() {
  return (data.frame (
    PetalLength = prep_decimal (),
    PetalWidth = prep_decimal (),
    Cluster = prep_int ()));
}


postal_cluster <- function(df) {
  out <- kmeans(cbind(df$PetalLength,
df$PetalWidth), 3, iter.max=10)
  return(data.frame(PetalLength=df$P
etalLength,PetalWidth=df$PetalWidth,
Cluster=out$cluster))
}
```

在"脚本"窗格中的"连接类型"下，选择"Rserve"，在"文件名"选项，单击"浏览"按钮，选择脚本文件，还需要输入函数名称"postal_cluster"，然后按Enter运行脚本，如图11-22所示。

图 11-22　添加脚本

11.3　集成 Python 环境

11.3.1　安装 Tabpy Server

在Tableau公司的Github主页下，有一个名为Tabpy的项目，该项目提供了Tableau和Python集成的Tabpy framework套件，该套件包含以下两个组件：

① Tabpy Server：一个远程服务器，用于运行从Tableau传递过来的Python代码；

② Tabpy Client：用于将用户建立的数据分析或数据挖掘的模型发布到Tabpy Server，增强代码可重用性。

为了更好地演示如何搭建Tabpy Server环境，我们首先在Anaconda环境下创建一个名为Tableau-Server的虚拟环境，命令如下：

```
conda create --name Tableau-Server python=3.7 anaconda
```

运行以下命令切换到新创建的虚拟环境：

```
activate Tableau-Server
```

然后运行命令安装Tabpy Server：

```
conda install tabpy-server
```

如果命令运行一切正常，会在\anaconda\envs\Tableau-Server\Lib\site-packages目录下看到一个名为tabpy_server的文件夹，里面包含一个用于启动Tabpy Server的startup.bat文件，需要将startup.bat文件中的"Tableau-Python-Server"修改为"Tableau-Server"，然后再点击startup.bat就会启动Tabpy Server。

此外，目前TabPy需要tornado 5.1.1版本才能正常运行，否则点击startup.bat会出现闪退的情况。使用pip list检查已安装的tornado的版本，如果安装了其他版本，需要运行pip uninstall tornado卸载，然后运行pip install tornado==5.1.1安装tornado 5.1.1。

11.3.2 安装 Tabpy Client

由于机器学习模型包含大量代码，把它们都放在Tableau的计算字段编辑框里面显然不是一种友好的方式，或者你不想每次使用都要重新写一遍函数逻辑的话，最好还是使用Tabpy Client，在本地编辑好需要使用的函数或模型，然后发布到Tabpy Server。

在上一节中，如果你运行了setup.bat或setup.sh脚本，Client就应该已经安装上了，我们也可以选择手动安装，命令如下：

```
conda install tabpy-client
```

下面给出一个简单的例子说明如何使用Tabpy Client发布Python代码，本地创建一个py文件写入如下的代码：

```
import numpy as np
import tabpy_client
client = tabpy_client.Client('http://localhost:9004/')
def add(x,y):
  return np.add(x, y).tolist()
client.deploy('add', add, 'Adds two numbers x and y')
```

在本地Python环境中运行上面的代码，没有任何问题的话，在浏览器中打开 http://localhost:9004/endpoints，如果返回一堆包含JSON格式键值对，说明你的函数已经加入Tabpy Server了。

11.3.3 集成 Python 脚本

Python是广泛使用的高级编程语言，用于一般用途编程。借助Tableau Prep将 Python 命令发送到外部服务，可以执行诸如添加行号、进行字段排名、填写字段，以及执行可使用计算字段以其他方式执行的清理操作，从而轻松地扩展数据准备选项。

（1）集成先决条件

如果要在Tableau Prep的流程中运行Python脚本，需要下载和安装Python和Pandas，以及TabPy服务器。

在流程中运行Python脚本，需要在Tableau和TabPy服务器之间配置连接。然后使用Python脚本，通过Pandas数据框架将支持的函数应用于流程中的数据。向流程中添加脚本步骤并指定要使用的配置详细信息、文件和函数时，系统会将数据安全传递给TabPy服务器，应用脚本中的表达式，并以可根据需要清理或输出的表的形式返回结果。

（2）连接到 Tableau Python（TabPy）服务器

选择【帮助】|【设置和性能】|【管理分析扩展程序连接】选项，在"选择分析扩展程序"下拉列表中，选择"Tableau Python（TabPy）服务器"选项，如图11-23所示。

输入如下的设置选项。

◆服务器：输入服务器地址，端口9004是服务器的默认端口。

◆用户名和密码：如果服务器需要凭据，输入用户名和密码。

◆需要SSL：如果服务器使用SSL加密，选中"需要SSL（推荐）"复选框，然后为连接指定证书。

Tableau Prep未提供测试连接的方式。如果连接存在问题，则会在尝试运行流程时显示一条错误消息。

图11-23 选择"Tableau Python（TabPy）服务器"选项

○ （3）向流程中添加脚本

启动Tabpy Server服务器，然后完成以下步骤。

打开Tableau Prep并单击添加"连接"按钮。单击加号图标，并从上下文菜单中选择添加"脚本"按钮，脚本文件如下：

```
import pandas as pd
def get_output_schema():
    return pd.DataFrame(
    {
        'order_id':prep_string(),
        'sales':prep_decimal(),
        'amount':prep_decimal(),
        'discount':prep_decimal(),
        'profit':prep_decimal()
    }
    )
def get_corr(input):
    output = input.corr()
    output['order_id'] = output.index.to_list()
    return output
```

在"脚本"窗格中的"连接类型"下，选择"Tableau Python（TabPy）服务器"，在"文件名"选项，单击"浏览"按钮，选择脚本文件，还需要输

226

入函数名称"get_corr",然后按Enter运行脚本,如图11-24所示。

图 11-24　连接 TabPy 服务器

12

运营数据
清洗案例

▼

企业在进行运营活动时，会收集大量的数据，包括销售数据、客户数据、市场数据等。这些数据可能来自不同的渠道和系统，格式和质量也各不相同。因此，为了能够准确分析和利用这些数据，需要对其进行清洗和整理。本章将通过一个实际案例介绍如何对运营数据进行清洗。

12.1　案例背景

　　某知名零售连锁餐厅在全国已有1000家直营店，通过不断迭代升级，从餐厅环境、饭菜口味到餐厅服务等顾客所有用餐体验的每一个细节都不断更新。小李是一名数据分析师，在这家大型零售连锁餐厅的总部工作。

　　今天部门经理想要分析过去3年公司的产品销售额和利润。推荐他使用Tableau来完成该工作，并且希望他立即着手进行。小李在开始收集需要的所有数据时注意到，有人已经通过其他方式为每个区域收集和跟踪过数据。

　　最近3年的订单数据已经初步进行整理，分别位于"东北地区订单明细.csv""华北地区订单明细.xlsx""华东地区订单明细.xlsx""中南地区订单明细.xlsx"4个文件中，西南地区的订单明细位于"西南地区订单明细"文件夹中，西北地区的订单明细存储在MySQL数据库中，此外，产品的退单数据在"产品退单原因.xlsx"文件中。但是最近3年的订单数据中还存在少量的垃圾数据，需要先执行数据清理工作，然后才能开始在Tableau中分析数据。

　　在与同事交流后，发现Tableau有一款名为Tableau Prep数据处理的新产品，该产品可帮助我们完成纷繁复杂的数据清理工作。

12.2　连接订单数据

12.2.1　连接 Excel 格式数据

　　由于"华北地区订单明细.xlsx""华东地区订单明细.xlsx""中南地区订单明细.xlsx""产品退单原因.xlsx"4个文件都是单一的Excel格式的表文件，因此可以一次性选择文件并将它们添加到流程。

　　点击添加按钮下的"到文件"选项下的"Microsoft Excel"连接，导航到文件的存储目录，选择上述4个Excel文件，然后点击"打开"按钮，就可以将它们导入到"流程"窗格，如图12-1所示。

图 12-1　添加 Excel 格式数据

12.2.2　连接文件夹数据

由于最近 3 年西南地区的订单明细都是 Excel 格式的数据文件，而且都存储在同一个文件夹下，因此可以批量导入。

在"连接"窗格上，单击"添加连接"按钮，选择"到文件"选项下的"Microsoft Excel"连接。导航到文件的目录，选择任意一个文件，例如"西南地区订单明细_2020.xlsx"文件，并单击"打开"按钮以将其添加到流程。

西南地区的订单有 3 个文件，虽然可以单独添加每个文件，但是不能将 3 个文件合并到一个输入步骤中，因此在"输入"窗格中单击"合并多个表"选项，会看到一个文件的"搜索范围"选项，以及"文件筛选器"和"工作表筛选器"选项，如图 12-2 所示。

我们可以根据需要设置"文件筛选器"和"工作表筛选器"，这里我们只要设置"文件筛选器"即可，在"文件名"选项下选择"匹配"，匹配模式为"西南地区订单明细*"，然后单击"应用"添加相关订单文件，从而将这些文件中的数据添加到输入步骤。

12.2.3　连接 CSV 文件数据

由于"东北地区订单明细.csv"文件是文本文件，点击添加按钮下的"到文件"选项下的"文本文件"连接，导航到文件的存储目录，选择上述文件，然后点击"打开"按钮，就可以将它们导入到"流程"窗格，如图 12-3 所示。

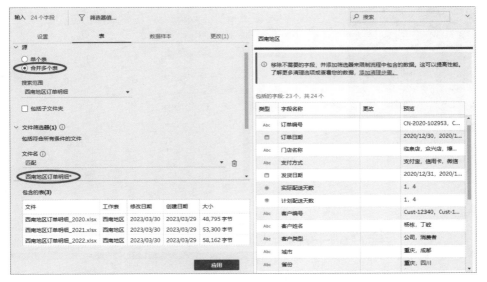

图 12-2　添加文件夹数据

图 12-3　添加 CSV 格式数据

12.2.4　连接数据库数据

　　由于西北地区的订单明细存储在MySQL数据库中,点击添加按钮下的"到服务器"选项下的"MySQL"连接,输入数据库的相关登录信息,导航到订单数据的存储位置,选择上述文件,然后拖放"西北地区订单明细"表到"流程"窗格,如图12-4所示。

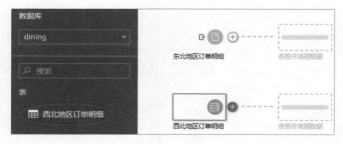

图 12-4　添加 MySQL 数据

12.3　清洗异常数据

12.3.1　查看订单数据

在执行数据清洗操作之前，需要先检查一下这些文件，看看是否能找出数据中存在的问题。在"流程"窗格中，单击"华东地区订单明细"输入步骤将其选定，在"输入"窗格中，发现订单的发货日期在字段中已针对年、月、日拆分开，如图12-5所示。

类型	字段名称	更改	预览
Abc	订单编号		CN-2022-103607, CN-2022-103606, C...
📅	订单日期		2022/12/31, 2022/12/30
Abc	门店名称		海恒店，众兴店
Abc	支付方式		其它，信用卡，支付宝
#	发货年		2,022
#	发货月		12
#	发货日		31, 30
#	实际配送天数		0
#	计划配送天数		1, 0
Abc	客户编号		Cust-20380, Cust-13255, Cust-10975

包括的字段: 25 个，共 26 个

图 12-5　浏览"华东地区订单明细"

选择"华北地区订单明细"输入步骤，此文件中的字段看起来与其他文件完全一致，但是"利润额"全部都包括了货币代码，也需要修复该问题，如图12-6所示。

选择"中南地区订单明细"输入步骤，此文件中"省份"字段使用的是各个

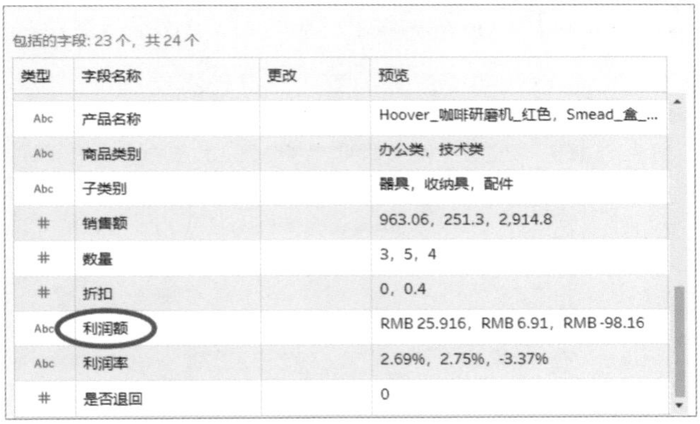

包括的字段: 23 个, 共 24 个

类型	字段名称	更改	预览
Abc	产品名称		Hoover_咖啡研磨机_红色, Smead_盒_...
Abc	商品类别		办公类, 技术类
Abc	子类别		器具, 收纳具, 配件
#	销售额		963.06, 251.3, 2,914.8
#	数量		3, 5, 4
#	折扣		0, 0.4
Abc	利润额		RMB 25.916, RMB 6.91, RMB -98.16
Abc	利润率		2.69%, 2.75%, -3.37%
#	是否退回		0

图 12-6　浏览"华北地区订单明细"

省份的简称, 其他文件则没有使用简称, 因此需要修复该问题, 如图12-7所示。

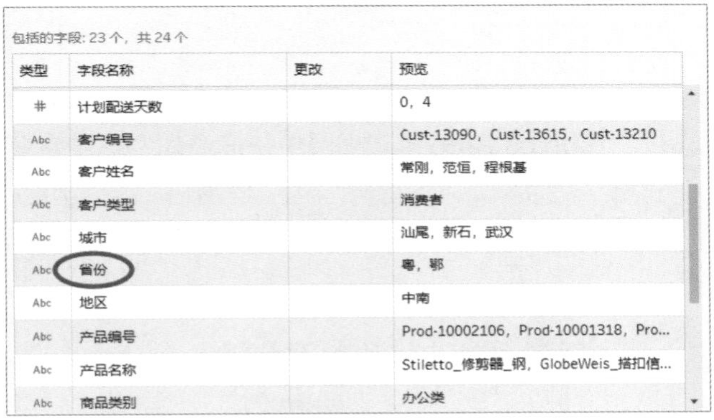

包括的字段: 23 个, 共 24 个

类型	字段名称	更改	预览
#	计划配送天数		0, 4
Abc	客户编号		Cust-13090, Cust-13615, Cust-13210
Abc	客户姓名		常刚, 范恒, 程恨基
Abc	客户类型		消费者
Abc	城市		汕尾, 新石, 武汉
Abc	省份		粤, 鄂
Abc	地区		中南
Abc	产品编号		Prod-10002106, Prod-10001318, Pro...
Abc	产品名称		Stiletto_修剪器_钢, GlobeWeis_搭扣信...
Abc	商品类别		办公类

图 12-7　浏览"中南地区订单明细"

在Tableau Prep中, 检查和清理数据是一个反复的过程, 确定了要处理的数据集之后, 下一步是检查数据, 并通过对数据应用各种清理、调整和合并操作来对其进行操作。具体是通过向流程中添加步骤来应用这些操作。

12.3.2　合并年月日字段

首先向"华东地区订单明细"输入步骤中添加一个清理步骤。在"流程"窗格中, 选择"华东地区", 单击加号图标, 向流程中添加"清理步骤"。

在工具栏中, 单击"创建计算字段", 将"发货年""发货月"和"发货日"3个字段合并为一个格式为"YYYY/MM/DD"的字段, 新的计算字段命名为"发货日期"。然后在计算编辑器中输入计算公式, 并单击"保存"按钮, 具体公式为: MAKEDATE([发货年],[发货月],[发货日]),如图12-8所示。

图12-8　日期字段处理

　　既然有了新的发货日期字段,那么需要移除原有字段,在"配置"窗格右上角的搜索框中,输入"发货",Tableau Prep将在视图中快速查找名称中含有"发货"关键字的所有字段。选择"发货年""发货月"和"发货日"3个字段,在"更多选项"的下拉框中选择"移除"选项来删除它们,如图12-9所示。

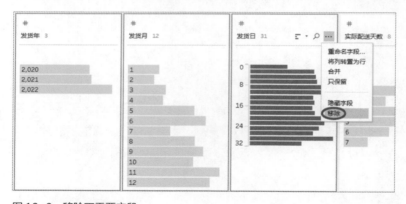

图12-9　移除不需要字段

12.3.3　清理数据货币单位

　　在查看"华北地区订单明细"文件的字段时,发现随利润额数字一起包括了货币代码,并且Tableau Prep已将这些字段值解读为字符串,在"流程"窗格中,选择"华北地区",单击加号图标,并选择添加"清理步骤"。

选择"利润额"字段，单击"更多选项"菜单，有一个名为"清理"的菜单选项，以及该选项下有一个用于移除字母的选项，如图12-10所示。

"清理字母"选项将立即从每个字段中移除货币代码，现在只需要将数据类型从字符串更改为数值，单击数据类型，并从下拉列表中选择"数字(小数)"，如图12-11所示。

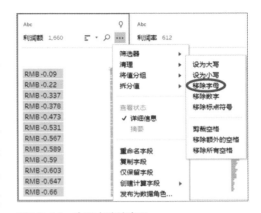

图 12-10　字段中移除字母

12.3.4　补全字段内容简写

在查看"中南地区订单明细"文件时，"省份"字段使用了简称，而不是全称，为了将此文件与其他文件合并，需要纠正此问题。

在"流程"窗格中选择"中南地区"，单击加号图标，并选择添加"清理步骤"。由于"省份"字段只有6个唯一的值，可以手动更改每个值。单击字段的"更多选项"菜单，并看到一个名为"将值分组"的选项。选择该选项时，将看到若干选项："手动选择""发音""常用字符""拼写"。

需要使用"手动选择"选项。选择"省份"字段，单击下拉箭头，并选择【将值分组】|【手动选择】，如图12-12所示。

"按手动选择对值进行分组"编辑器将打开，左侧的列显示当前字段值，

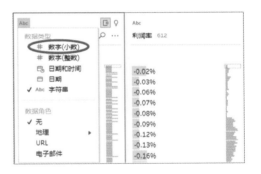

图 12-11　更改数据类型

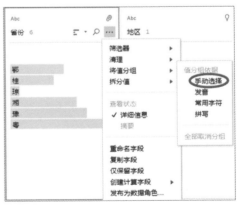

图 12-12　手动修改字段

235

右侧的列显示可映射到左侧字段的字段。例如，在左侧窗格编辑器中，双击"粤"以突出显示，并修改为"广东"，然后按Enter以添加更改，这样为新值"广东"创建了一个映射值，并自动将原值"粤"映射到该值，重复上述步骤，将每个省份都映射到其名称的完整拼写，然后单击"完成"按钮，如图12-13所示。

图12-13　分组和替换

12.4　合并清洗后数据

12.4.1　创建数据并集

既然清理了所有文件，那么就已最终准备好将它们合并在一起。由于所有文件都有类似的字段，因此可以将文件合并在一起，并将每个文件中的行添加到单个表中，如图12-14所示。

12.4.2　显示不匹配字段

Tableau Prep自动匹配了具有相同名称和类型的字段。流程中步骤的颜色用在并集配置中，指明字段来自何处，同时出现在每个字段顶部的色带中，显示该字段是否存在于该表。

此外，新增了2个名为"Table Names"（表名称）和"File Paths"（文件路径）的新字段，列出了并集中所有行的来源表和路径，不匹配字段的列表也显示在摘要窗格中，可以在"并集结果"窗格中选中"仅显示不匹配字段"复选框，如图12-15所示。

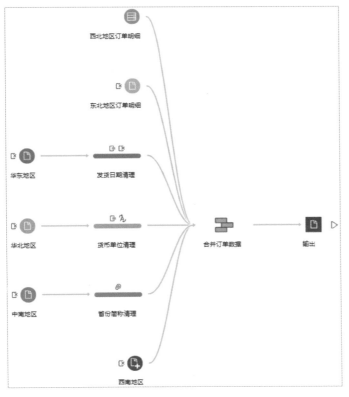

图 12-14　添加并集数据

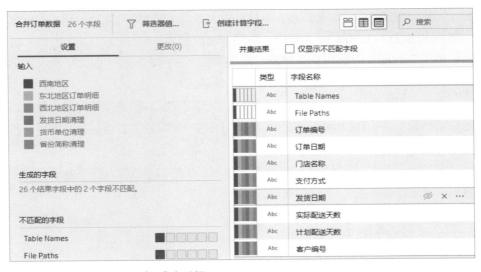

图 12-15　"仅显示不匹配字段"复选框

12.5　产品退货分析

12.5.1　联接退货数据

在联接数据时，数据文件必须至少有一个共同的字段，由于共用"订单编号"字段，因此可以联接，使用拖放创建并集时，有用于创建联接的选项。

在"流程"窗格中，将"退单原因"步骤拖放到"合并订单数据"步骤上，并将其放在"联接"上，如图12-16（a）所示。

在浏览联接配置的左侧窗格时，看到已应用联接子句列表中使用了"订单编号"字段，如图12-16（b）所示。对于有多个连接字段的数据，可以单击加号按钮添加联接子句。

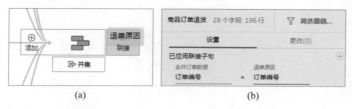

图12-16　联接数据

在联接文件时，Tableau Prep会在"配置"窗格中显示联接的结果。例如，有了销售订单文件中的所有数据，以及适用于这些订单的任何退货数据，看到没有对应退货数据的订单显示为红色，如图12-17所示。

由于Tableau Prep默认设置的"联接类型"为内部联接，因此联接仅包括两个文件中均存在的值，如图12-18（a）所示。

但是如果需要订单文件中的所有数据，以及这些文件的退货数据时，需要更改联接类型，在"联接类型"部分，单击图表的一侧联接类型更改为左联接（左侧），如图12-18（b）所示。

左联接可以实现包括所有订单数据，以及匹配的退单数据，并将联接步骤命名为"商品订单退货"，并保存流程。

12.5.2　清理联接结果

在"流程"窗格中，选择"商品订单退货"，单击加号图标，并添加清理步

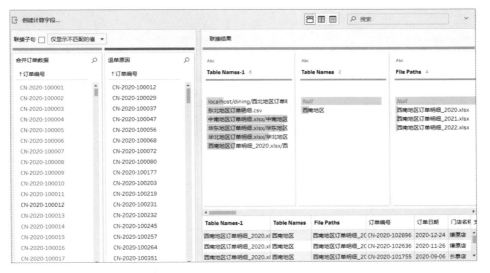

图 12-17　显示联接结果

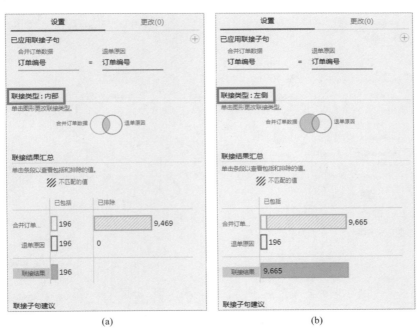

(a)　　　　　　　　　　　　　　　　　(b)

图 12-18　联接类型

骤，在"配置"窗格中，选择并移除"Table Names-1""Table Names""File Paths"3个字段，如图12-19所示。

　　将清理步骤命名为"清理订单退货"，并保存流程，如图12-20所示。

239

图 12-19　移除不需要字段

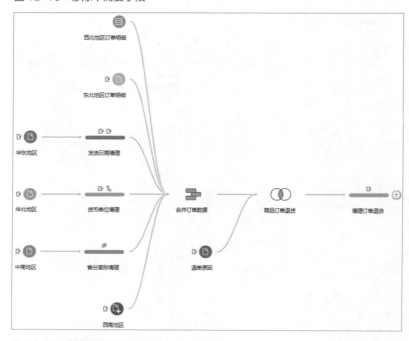

图 12-20　数据清洗流程

12.6　输出清洗结果

数据已经清洗完毕，并且已准备好生成输出文件，以便开始在Tableau Desktop中对其进行分析，只需运行流程并生成数据提取文件即可。在"流程"窗格中，选择"清洗订单退货"，单击加号图标，选择添加"输出"步骤。

在这里可以选择要生成输出的类型，并指定名称和保存文件的位置，默认"位置"为数据源文件夹中的"我的 Tableau Prep 存储库"。

在左侧窗格的"将输出保存到"下拉列表中，选择"文件"选项。

在"输出类型"字段中，选择一种输出类型，对于 Tableau Desktop，选择"Tableau 数据提取(.hyper)"。

在"写入选项"部分，查看将新数据写入文件的选项，使用默认选项"创建表"并将表替换为流程输出。

在"输出"窗格中单击"运行流程"，也可以在流程窗格中单击"运行流程"按钮以生成输出。

流程完成运行时，一个状态对话框将显示流程运行成功，以及运行所花费的时间，单击"完成"关闭该对话框，如图12-21所示。

图 12-21　输出清洗结果

13

空气质量
数据分析案例

▼

随着我国经济的快速发展,空气质量区域性特性日渐明显。上海市经济迅速发展的同时,环境污染问题也得到明显改善,主要环境影响因素指标有PM2.5、PM10、SO_2、NO_2、CO、O_3等。本章利用Tableau软件对2022年上海市的空气质量数据进行可视化分析。

扫码观看本章视频

13.1 案例背景

13.1.1 名词释义

空气污染物是由气态物质、挥发性物质、半挥发性物质和颗粒物质的混合物造成的，其中主要是PM2.5、PM10、SO_2、NO_2、CO、O_3等污染物，如图13-1所示。

图13-1 空气污染

影响空气污染物的因素：一是气象因素，气象条件是影响大气污染的一个重要因素，如风向、风速、气温和湿度等，都可以直接增加污染物的危害程度；二是地形因素，例如在窝风的丘陵和山谷盆地，污染物不能顺利扩散，可能形成一定范围的污染区；三是植物的净化作用，花草树林可以过滤和净化大气中的粉尘和有害气体，对减轻大气污染起着不可忽视的作用。

（1）PM2.5

PM2.5是指环境空气中空气动力学当量直径小于等于2.5μm、大于0.1μm的颗粒物，它能较长时间悬浮于空气中，空气中PM2.5含量浓度越高，就代表空气污染越严重。PM2.5可以由硫和氮的氧化物转化而成，而这些气体污染物往往是人类对化石燃料（煤、石油等）和垃圾的燃烧造成的，对空气质量和能见度等有重要的影响。

（2）PM10

PM10是指粒径在10μm以下可吸入的颗粒物。可吸入颗粒物在环境空气中持续的时间很长，对人体健康和大气能见度的影响都很大。通常来自未铺的沥青、水泥路面上行驶的机动车、材料的破碎碾磨处理过程，以及被风扬起的尘土。可吸入颗粒物被人吸入后，会积累在呼吸系统中，引发许多疾病，对人类危害大。可吸入颗粒物的浓度以每立方米空气中可吸入颗粒物的毫克数表示。

（3）SO_2

二氧化硫化学式SO_2，是常见的硫氧化物，大气主要污染物之一。火山爆发时会喷出该气体，在许多工业过程中也会产生二氧化硫。由于煤和石油通常都含有硫化合物，因此燃烧时会生成二氧化硫。当二氧化硫溶于水中，会形成亚硫酸（酸雨的主要成分）。若把二氧化硫进一步氧化，通常在催化剂存在下，便会迅速高效生成硫酸。

（4）NO_2

二氧化氮化学式NO_2，在高温下是棕红色有毒气体。人为产生的二氧化氮主要来自高温燃烧过程，比如机动车尾气、锅炉废气的排放等。二氧化氮还是酸雨的成因之一，所带来的环境效应多种多样，包括对湿地和陆生植物物种之间竞争与组成变化的影响，大气能见度的降低，地表水的酸化、富营养化（由于水中富含氮、磷等营养物，藻类大量繁殖而导致缺氧），以及增加水体中有害于鱼类和其他水生生物的毒素含量。

（5）CO

一氧化碳化学式CO，纯品为无色、无臭、无刺激性的气体。分子量为28.01，密度1.25g/L，冰点为-205.1℃，沸点-191.5℃。在水中的溶解度甚低，极难溶于水。与空气混合爆炸极限为12.5%～74.2%。一氧化碳极易与血红蛋白结合，形成碳氧血红蛋白，使血红蛋白丧失携氧的能力和作用，造成组织窒息，严重时死亡。一氧化碳对全身的组织细胞均有毒性作用，尤其对大脑皮质的影响最为严重。在冶金、化学、石墨电极制造，以及家用煤气或煤炉、汽车尾气中均有CO存在。

（6）O₃

臭氧化学式O_3，又称为超氧，是氧气（O_2）的同素异形体，在常温下，它是一种有特殊臭味的淡蓝色气体。臭氧主要分布在10 ～ 50km高度的平流层大气中，极大值在20~30km高度之间。在常温常压下，稳定性较差，可自行分解为氧气。臭氧具有青草的味道，吸入少量对人体有益，吸入过量对人体健康有一定危害。氧气通过电击可变为臭氧。

13.1.2 空气质量指数

空气质量指数（air quality index, AQI），又称空气污染指数，是根据环境空气质量标准和各项污染物对人体健康、生态、环境的影响，将常规监测的几种空气污染物浓度简化成为单一的概念性指数值形式。

目前各国的空气质量标准也大不相同，AQI的取值范围自然也就不同，我国采用的标准和美国标准相似，其取值范围在0 ～ 500之间，如表13-1所示。

表13-1 空气质量指数标准

空气质量指数	污染级别	对健康的影响	建议采取措施
0 ～ 50	优	空气质量令人满意，基本无空气污染，对健康没有危害	各类人群可多参加户外活动，多呼吸一下清新的空气
51 ～ 100	良	除少数对某些污染物特别敏感的人群外，不会对人体健康产生危害	除少数对某些污染物特别容易过敏的人群外，其他人群可以正常进行室外活动
101 ～ 150	轻度污染	敏感人群症状会有轻度加剧，对健康人群没有明显影响	儿童，老年人，及心脏病、呼吸系统疾病患者应尽量减少体力消耗大的户外活动
151 ～ 200	中度污染	敏感人群症状进一步加剧，可能对健康人群的心脏、呼吸系统有影响	儿童，老年人，及心脏病、呼吸系统疾病患者应尽量减少外出，停留在室内，一般人群应适量减少户外运动
201 ～ 300	重度污染	空气状况很差，会对每个人的健康都产生比较严重的危害	儿童，老年人，及心脏病、肺病患者应停留在室内，停止户外运动，一般人群尽量减少户外运动
> 300	严重污染	空气状况极差，所有人的健康都会受到严重危害	儿童，老年人和病人应停留在室内，避免体力消耗，除有特殊需要的人群外，一般人群尽量不要停留在室外

13.2 数据准备与清洗

13.2.1 案例数据集

本案例以"天气后报"网的空气质量数据为数据来源，采集了从2020年至2022年共计3年的上海市空气质量数据，共获得1096条记录，如图13-2所示。

图 13-2 数据来源

案例数据集中字段信息包括：日期、质量等级、AQI指数、当天AQI排名、PM2.5、PM10、SO$_2$、NO$_2$、CO和O$_3$等信息，如表13-2所示。

表13-2 空气质量数据

日期	质量等级	AQI指数	当天AQI排名	PM2.5	PM10	SO$_2$	NO$_2$	CO	O$_3$
2022/12/31	良	92	215	68	80	9	68	1.07	37
2022/12/30	优	44	64	30	44	8	52	0.86	34
2022/12/29	优	46	87	31	40	7	34	0.74	55
2022/12/28	轻度污染	105	250	79	82	9	43	1.06	59
2022/12/27	良	95	217	71	76	10	51	1.07	42
2022/12/26	良	61	151	43	58	8	57	0.98	28
2022/12/25	优	46	73	30	47	8	39	0.89	37
2022/12/24	优	50	120	30	52	9	43	0.86	36
2022/12/23	优	38	77	16	38	9	32	0.76	41
…	…	…	…	…	…	…	…	…	…

13.2.2 描述统计

2020—2022年空气质量数据中没有重复值，没有异常值数据，且没有缺失值。描述统计可以对空气质量数据进行统计性描述，下面使用Excel中的"数据分析"功能，对1096条空气质量数据进行描述统计，结果如表13-3所示。

表13-3 描述统计结果

	AQI指数	当天AQI排名	PM2.5	PM10	SO_2	NO_2	CO	O_3
平均	46.88	157.62	27.42	40.998	5.482	32.4881	0.6496	68.1761
标准误差	0.7053	2.7647	0.5511	0.6936	0.049	0.4677	0.0053	0.7932
中位数	41	140	23	35.5	5	30	0.62	67
众数	37	188	16	35	5	22	0.6	68
标准差	23.35	91.5294	18.25	22.96	1.63	15.4834	0.1753	26.2591
方差	545.26	8377.63	332.90	527.31	2.65	239.74	0.0307	689.54
峰度	9.3916	-0.8704	6.4284	19.86	7.95	1.5618	2.8431	-0.1259
偏度	2.2341	0.4082	1.9962	2.8119	1.99	1.1174	1.3457	0.3493
区域	234	361	153	302	17	109	1.2	147
最小值	10	3	2	6	3	4	0.33	8
最大值	244	364	155	308	20	113	1.53	155
求和	51385	172752	30049	44934	6008	35607	711.92	74721
观测数	1096	1096	1096	1096	1096	1096	1096	1096
最大(1)	244	364	155	308	20	113	1.53	155
最小(1)	10	3	2	6	3	4	0.33	8

13.3 数据总体分析

近些年来，上海市一直大力推进挥发性有机化合物（volatile organic compounds，VOCs）及重点行业污染治理，重点实施精细化扬尘管控，取得了一定的成效。上海市区环境空气质量总体趋于良好，大气空气质量优良的天数逐年上升。

13.3.1 空气质量总体分析

为了研究2020—2022年上海市空气质量总体情况，我们绘制了其空气质量等级分布的饼图，如图13-3所示。

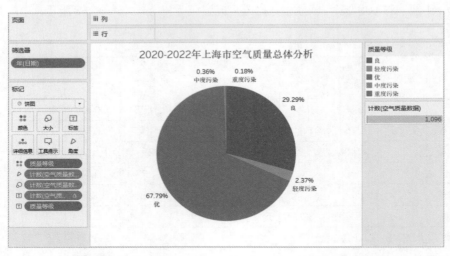

图13-3 空气质量总体分析

主要操作步骤：

步骤 01 将"质量等级"字段拖放到列功能区。

步骤 02 将"计数（空气质量数据）"拖放到行功能区。

步骤 03 单击"智能推荐"按钮，选择"饼图"视图类型。

步骤 04 将"质量等级"和"计数（空气质量数据）"拖放到"标签"控件上。

步骤 05 将"日期"字段拖放到"筛选器"功能区。

步骤 06 美化视图，为视图添加标题"2020—2022年上海市空气质量总体分析"。

从视图可以看出：2020—2022年上海市空气质量较好，其中优的天数占比为67.79%，良的天数占比为29.29%，即优良的天数占比共计达到97.08%。

13.3.2 空气质量年度分析

为了研究2020—2022年上海市空气质量年度情况，我们绘制了其空气质量等级分布的并排条形图，如图13-4所示。

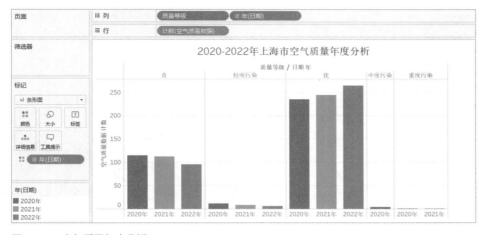

图 13-4　空气质量年度分析

主要操作步骤：

步骤 01　将"质量等级"和"日期"字段拖放到列功能区。

步骤 02　将"计数（空气质量数据）"拖放到行功能区。

步骤 03　单击"智能推荐"按钮，选择"并排条"视图类型。

步骤 04　美化视图，为视图添加标题"2020—2022年上海市空气质量年度分析"。

从视图可以看出：2020—2022年上海市空气质量比较，其中2022年的空气质量好于其他两年，尤其是优的天数呈现逐渐上升的趋势。

13.3.3　空气质量月度分析

为了研究2020—2022年上海市空气质量月度情况，我们绘制了其空气质量等级分布的堆积条形图，如图13-5所示。

主要操作步骤：

步骤 01　将"日期"字段拖放到列功能区。

步骤 02　将"计数（空气质量数据）"拖放到行功能区。

步骤 03　单击"智能推荐"按钮，选择"堆叠条"视图类型。

步骤 04　美化视图，为视图添加标题"2020—2022年上海市空气质量月度分析"。

从视图可以看出：2020—2022年上海市空气质量在每年的第三季度，即7月、8月和9月最好，在每年的12月份和1月份普遍较差。

249

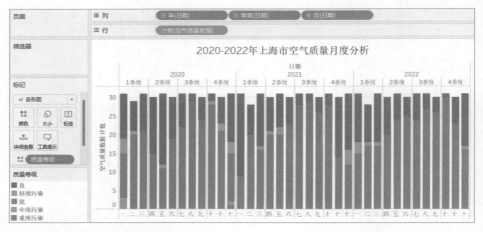

图 13-5　空气质量月度分析

13.4　主要污染物分析

2012年我国新修订发布的《环境空气质量标准》首次增加了PM2.5监测指标。下面逐一对6种主要污染物入手，包括PM2.5、PM10、SO_2、NO_2、CO和O_3等主要污染物，具体分析上海市空气质量特征。

13.4.1　6种污染物趋势分析

为了研究2020—2022年上海市空气质量总体情况，我们绘制了PM2.5和PM10浓度的折线图，如图13-6所示。

主要操作步骤：

步骤 01　将"日期"拖放到列功能区，修改其类型为"天(日期)"。

步骤 02　将"PM2.5"和"PM10"字段拖放到行功能区。

步骤 03　将"PM2.5"和"PM10"字段拖放到"颜色"控件上。

步骤 04　美化视图，为视图添加标题"2020—2022年PM2.5与PM10趋势分析"。

同理，我们绘制了SO_2浓度和CO浓度的折线图，如图13-7所示。

主要操作步骤：

步骤 01　将"日期"拖放到列功能区，修改其类型为"天(日期)"。

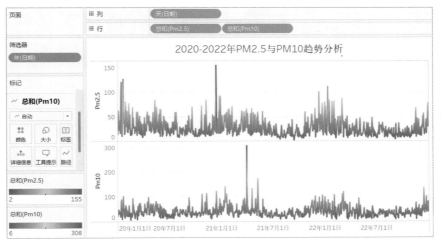

图 13-6　PM2.5 和 PM10 的浓度折线图

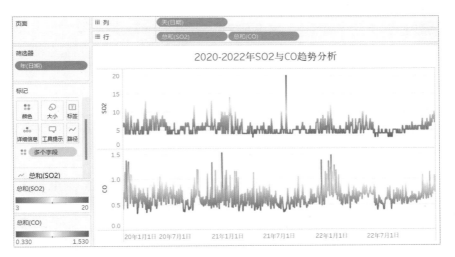

图 13-7　SO$_2$ 和 CO 的浓度折线图

步骤 02　将"SO$_2$"和"CO"字段拖放到行功能区。

步骤 03　将"SO$_2$"和"CO"字段拖放到"颜色"控件上。

步骤 04　美化视图，为视图添加标题"2020—2022年SO$_2$与CO趋势分析"。

同理，绘制了NO$_2$浓度和O$_3$浓度的折线图，如图13-8所示。

主要操作步骤：

步骤 01　将"日期"拖放到列功能区，修改其类型为"天(日期)"。

步骤 02　将"NO$_2$"和"O$_3$"字段拖放到行功能区。

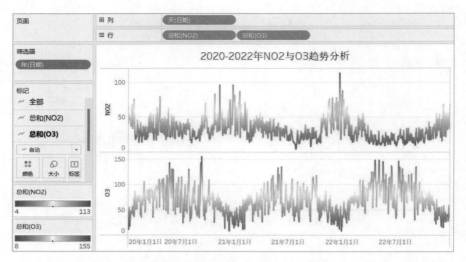

图 13-8　NO_2 和 O_3 浓度的折线图

步骤 03 将 "NO_2" 和 "O_3" 字段拖放到 "颜色" 控件上。

步骤 04 美化视图，为视图添加标题 "2020—2022年NO_2与O_3趋势分析"。

13.4.2　6 种污染物相关分析

为了研究2020—2022年上海市6种污染物的相关性，我们绘制了6种污染物的散点图矩阵，如图13-9所示。

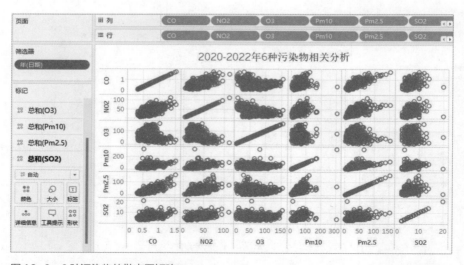

图 13-9　6 种污染物的散点图矩阵

主要操作步骤：

步骤 01 将"CO""NO₂""O₃""PM10""PM2.5""SO₂"拖放到列功能区。

步骤 02 将"CO""NO₂""O₃""PM10""PM2.5""SO₂"拖放到行功能区。

步骤 03 单击菜单栏"分析"下的"聚合度量"对变量进行解聚。

步骤 04 将"日期"拖放到"筛选器"功能区。

步骤 05 美化视图，为视图添加标题"2020—2022年6种污染物相关分析"。

使用Excel可以快速计算6种污染物的相关系数，结果如表13-4所示。

表13-4　污染物相关系数

	PM2.5	PM10	SO₂	NO₂	CO	O₃
PM2.5	1					
PM10	0.6971	1				
SO₂	0.4525	0.5123	1			
NO₂	0.6253	0.5248	0.4771	1		
CO	0.7715	0.4616	0.4452	0.5875	1	
O₃	−0.0741	0.0209	−0.0139	−0.4485	−0.1709	1

从表格可以看出：PM2.5的浓度与CO的浓度、PM10的浓度、NO₂的浓度相关性较强，相关系数分别为0.7715、0.6971、0.6253。

13.4.3　6种污染物回归分析

基于上述6种污染物的相关分析结果，为了深入研究2020—2022年上海市污染物中PM2.5浓度与PM10浓度的线性关系，我们绘制了两者之间的散点图，并添加了趋势线，如图13-10所示。

主要操作步骤：

步骤 01 将"PM10"字段拖放到列功能区。

步骤 02 将"PM2.5"字段拖放到行功能区。

步骤 03 单击菜单栏"分析"下的"聚合度量"对变量进行解聚。

步骤 04 为生成的散点图添加线性的趋势线。

步骤 05 将"日期"拖放到"筛选器"功能区。

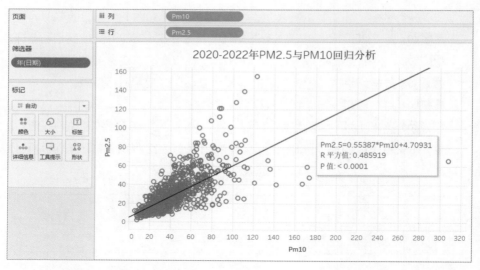

图 13-10　PM2.5 与 PM10 回归分析

步骤 06 美化视图，为视图添加标题"2020—2022年PM2.5与PM10回归分析"。

从视图可以看出：PM2.5浓度与PM10浓度的回归方程为PM2.5 = 0.55387×PM10+4.70931，R平方值为0.485919，模型拟合效果一般。

同理，我们绘制了PM2.5与NO_2两者之间的散点图，并添加了趋势线，如图13-11所示。

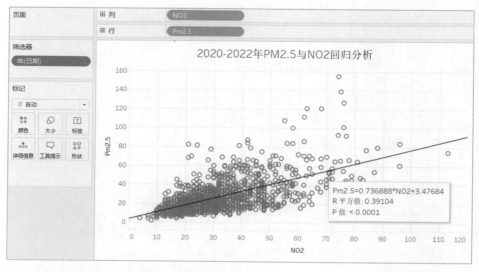

图 13-11　PM2.5 与 NO_2 回归分析

254

主要操作步骤：

步骤 01 将"NO$_2$"字段拖放到列功能区。

步骤 02 将"PM2.5"字段拖放到行功能区。

步骤 03 单击菜单栏"分析"下的"聚合度量"对变量进行解聚。

步骤 04 为生成的散点图添加线性的趋势线。

步骤 05 将"日期"拖放到"筛选器"功能区。

步骤 06 美化视图，为视图添加标题"2020—2022年PM2.5与NO$_2$回归分析"。

从视图可以看出：PM2.5浓度与NO$_2$浓度的回归方程为PM2.5 = $0.736888 \times$ NO$_2$+3.47684，R平方值为0.39104，模型拟合效果一般。

同理，我们绘制了PM2.5与CO两者之间的散点图，并添加了趋势线，如图13-12所示。

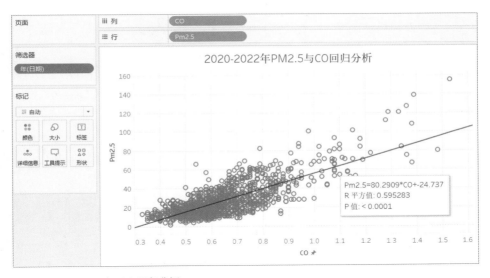

图 13-12　PM2.5 与 CO 回归分析

主要操作步骤：

步骤 01 将"CO"字段拖放到列功能区。

步骤 02 将"PM2.5"字段拖放到行功能区。

步骤 03 单击菜单栏"分析"下的"聚合度量"对变量进行解聚。

步骤 04 为生成的散点图添加线性的趋势线。

步骤 05 将"日期"拖放到"筛选器"功能区。

步骤 06 美化视图，为视图添加标题"2020—2022年PM2.5与CO回归分析"。

从视图可以看出：PM2.5浓度与CO浓度的回归方程为PM2.5 = 80.2909×CO−24.737，R平方值为0.595283，模型拟合效果一般。

14

Tableau
在线服务器

▼

Tableau的服务器有Tableau Server和Tableau Cloud两种，其中Tableau Server是本地服务器，而Tableau Cloud是Tableau Server的在线服务托管版本，它让商业数据分析比以往更加快速与轻松。本章将介绍Tableau Cloud在线服务器的基础知识和操作、用户设置、项目操作等内容。

14.1 Tableau 在线服务器简介

14.1.1 如何注册和免费试用

Tableau Cloud是基于云的数据可视化解决方案，用于共享、分发和协作处理视图及仪表板等，兼具灵活性和简易性，使可视化分析无需本地服务器就可以轻松实现。

Tableau在线服务器即Tableau Cloud，类似于MS Power BI服务，我们可以到Tableau的官方网站单击"开始免费试用"按钮进行试用。如果前期已经注册账号，可以直接单击下方的"登录TABLEAU CLOUD"按钮进行登录，如图14-1所示。

图 14-1 Tableau Cloud 试用页面

单击"开始免费试用"按钮后，进入用户注册页面，填写相关注册信息。填写完成后，单击表单下方的"提交"按钮，如图14-2所示。

单击"提交"按钮后，进入Tableau Cloud创建用户站点的页面，需要等待一定时间，具体要看用户网速和服务器的登录用户数等。

14.1.2 如何创建和激活站点

Tableau Cloud创建站点完成后，会发送一封邮件到用户注册时使用的邮箱，用于激活用户的站点，如图14-3所示。

即将完成

已有帐户？在此处登录

姓氏	名字
商务电子邮件	组织
- 公司规模 -	- 部门 -
- 工作角色 -	
- 国家/地区 -	
电话 （例如 (201) 555-0123)	

注册表示您确认同意Salesforce按照隐私权声明存储及处理您的个人资料。

提交

我们尊重您的隐私 | 遇到问题？

学生还是老师？免费获得1年许可证。了解更多信息 →

图14-2　用户注册页面

成功！检查您的电子邮件以激活 Tableau 试用，并验证您的电子邮件地址。

充分利用您的数据：请在48小时内激活您的试用资格。

图14-3　确认电子邮件

登录用户注册时使用的电子邮箱，将会收到一份激活邮件，单击邮件中的"激活我的站点"按钮，如图14-4所示。

图14-4　"激活我的站点"

然后，在页面中填写用户信息和站点名称等，填写完成后，单击"激活我的站点"按钮，如图14-5所示。

最后，进入 Tableau Cloud 的站点页面，如图14-6所示，Tableau 还会发送一封站点链接邮件到注册时使用的邮箱中，提示一切准备就绪，已经成功注册。

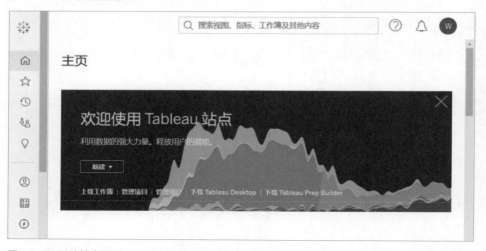

电子邮件地址

更改电子邮件地址

选择一个密码

密码

〇〇〇〇〇〇〇〇

必须至少包含 8 个字符，需要至少包含一个字母和数字。区分大小写，可包含符号和空格。

确认

〇〇〇〇〇〇〇〇

为您的站点命名

选择站点位置

Asia Pacific - Japan

建议选择离您的站点用户或数据最近的区域。

☑ I've read and agree to the Tableau Online Subscription Agreement, the Data Protection Agreement and the Terms of Service.

需要帮助？

激活我的站点

图 14-5 填写站点信息

🔍 搜索视图、指标、工作簿及其他内容   ？ 🔔 W

主页

欢迎使用 Tableau 站点

利用数据的强大力量。释放用户的潜能。

新建 ▼

上载工作簿 | 管理项目 | 管理用户 | 下载 Tableau Desktop | 下载 Tableau Prep Builder

图 14-6 默认站点页面

14.1.3 服务器配置选项介绍

登录Tableau Cloud时需要输入电子邮件地址和密码，然后单击"登录"按钮即可，如图14-7所示。

进入Tableau Cloud后，默认站点页面左侧会显示"主页""收藏夹""最近""与我共享"和"建议"等选项，以及"用户数""群组""计划""作

图 14-7　登录页面

业""任务""站点状态"和"设置"等配置选项，如图14-8所示。

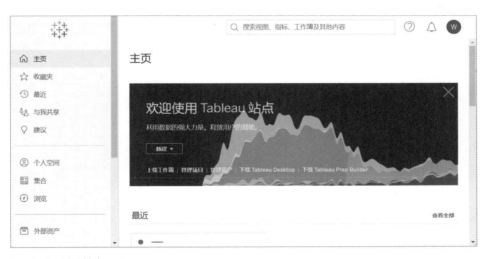

图 14-8　默认站点页面

　　进入Tableau Cloud后，默认是"主页"页面，包括欢迎使用页面、收藏夹和最近的项目、加速器等，如图14-9所示。

图 14-9　"主页"页面

　　"主页""收藏夹""最近""与我共享"和"建议""个人空间""集合""浏览""外部资产"等选项比较好理解，这里就不深入介绍。注意外部资产是指与 Tableau 相关联的数据库和表。

　　下面详细介绍"用户""群组""计划""作业""任务""站点状态"和"设置"等配置选项。其中"用户"页面包括站点下所有用户的名称、用户名、站点角色和所在组等信息，如图 14-10 所示。

图 14-10　"用户"页面

"群组"页面可以将用户进行分类，同一个组内的用户一般具有某个相同的特征，如属于同一个项目、同一个部门或者具有相同的权限等，如图14-11所示。

图 14-11 "群组"页面

"计划"页面包括 Tableau Cloud 服务器资源上可以运行的计划及其相关信息，计划是多个任务的有机整合体，如图14-12所示。

图 14-12 "计划"页面

"作业"页面包括 Tableau Cloud 服务器上失败的作业、完成的作业和取消的作业。用户可以计划定期运行数据提取刷新、订阅或流程，这些计划的项目称为任务，后台程序进程启动这些任务的唯一实例，以在计划时间运行它们，作为

263

结果启动的任务的唯一实例称为作业，如图14-13所示。

图14-13 "作业"页面

"任务"页面包括Tableau Cloud服务器资源上可以执行的操作及其相关信息，如图14-14所示。

图14-14 "任务"页面

"站点状态"页面包括站点状态情况，如到视图的流量、到数据源的流量、所有用户的操作、特定用户的操作和最近用户的操作等，如图14-15所示。

"设置"页面包括"常规"和"身份验证"等。其中，"常规"包括"站点邀请通知"和"站点徽标"等，如图14-16所示。

"身份验证"包括"身份验证类型""管理用户"和"连接的客户端"等，如图14-17所示。

图 14-15 "站点状态"页面

图 14-16 "常规"设置

图 14-17 "身份验证"设置

265

14.2 Tableau 在线服务器基础操作

14.2.1 如何设置账户及内容

进入Tableau Cloud后，我们可以查看和设置账号信息，单击页面右上方的用户名称，然后选择"我的账户设置"，如图14-18所示。

图14-18 "我的账户设置"

进入用户信息的设置页面，包括用户名、显示名称、电子邮件，以及安全性等，可以根据需要进行修改和添加，如图14-19所示。

图14-19 用户信息的设置页面

此外，如果要访问用户已经发布到服务器的内容，可以单击图中的"内容"，进入用户的工作簿页面，如图14-20所示。

图 14-20　"内容"页面

14.2.2　如何设置显示及排序

在 Tableau Cloud 页面的右上方，有"查看方式"的按钮，用于指定显示为网格还是列表方式，选择"网格视图"或"列表视图"可以进行切换，网格视图样式如图 14-21 所示。

图 14-21　网格视图样式

此外，在"浏览"页面下，单击"列表"按钮，可以查看每个项目的所有者和创建时间等信息，列表视图样式如图 14-22 所示。

根据页面上显示的内容类型可以按不同特征进行排序，如最新、最旧、名

267

称、类型、修改时间等，单击"排序依据"下拉箭头，然后选择排序依据，如图14-23所示。

图14-22　列表视图样式

图14-23　"排序依据"下拉箭头

14.2.3　如何快速搜索与搜索帮助

在Tableau Cloud中，可以通过快速搜索功能搜索站点中的资源，包括名称、说明、所有者、标题和注释等，搜索结束会出现一个列表，显示与之相匹配的资源，如图14-24所示。

图 14-24　快速搜索内容

在Tableau Cloud中，单击右上方的帮助⑦按钮进入软件的搜索帮助，包括
Tableau帮助、支持、新增功能和关于Tableau等，如图14-25所示。

图 14-25　搜索帮助

14.3　Tableau 在线服务器用户设置

访问Tableau Cloud的任何人（无论是浏览、发布、编辑内容还是管理站点
的人）都必须是站点中的用户。其中，站点管理员可以向站点中添加用户或从中

269

移除用户，他们可分配用户的身份验证类型、站点角色，以及用于访问已发布内容的权限。

14.3.1 设置站点角色及权限

站点角色由管理员分配，站点角色反映用户拥有的权限级别，包括用户是否能够发布内容、与内容进行交互，还是只能查看发布的内容。

可以修改用户的站点角色，首先选择需要修改角色的用户，然后单击其右侧的"…"，在下拉框中选择"站点角色"选项，如图14-26所示。

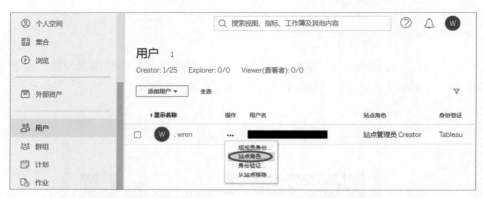

图14-26 通过下拉框方式修改站点角色

也可以先选择需要修改站点角色的用户，然后单击上方的"操作"按钮，在下拉框中选择"站点角色"选项，如图14-27所示。

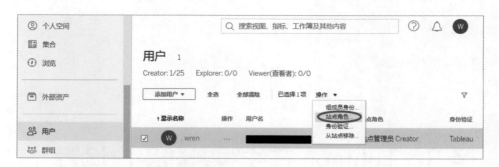

图14-27 通过"操作"方式修改站点角色

Tableau Cloud的站点角色主要有如下7种类型。

① 站点管理员Creator：是Tableau Cloud的最高级别访问权限，可以不受

限制地访问上述内容（但仅在站点级别）。在浏览器、Tableau Desktop 或 Tableau Prep 中连接到 Tableau 或外部数据。构建和发布内容。站点管理员可以管理组、项目、工作簿和数据连接。默认情况下，站点管理员还可以添加用户、分配站点角色和站点成员身份，可由服务器管理员启用或禁用。此外，站点管理员对特定站点的内容具有不受限的访问权限，可以将一个用户指定为多个站点的站点管理员。

② Creator：这类似于以前的"发布者"站点角色。此站点角色为非管理员提供最高级别的内容访问权限。在浏览器中连接到 Tableau 或外部数据，构建和发布流程、数据源，及工作簿，访问仪表板起始模板，并在发布的视图上使用交互功能。还可以从 Tableau Prep 或 Tableau Desktop 中连接到数据，发布（上载/保存）和下载流程、工作簿及数据源。

③ 站点管理员 Explorer：与站点管理员 Creator 具有相同的站点和用户配置访问权限，但无法从 Web 编辑环境中连接到外部数据。可连接到 Tableau 已发布数据源来创建新工作簿，以及编辑和保存现有工作簿。

④ Explorer（可发布）：可以使用现有数据源从 Tableau Desktop 中发布新内容、浏览发布的视图并与之交互、使用所有交互功能，还可以通过嵌入在工作簿中的数据连接保存新的独立数据源。在 Web 编辑环境中，可以编辑和保存现有工作簿。无法通过工作簿中嵌入的数据连接保存新的独立数据源，并且无法连接到外部数据并创建新数据源。

⑤ Explorer：交互者可以登录、浏览服务器，并且与已发布的视图进行交互，但是不允许发布工作簿和数据源等到服务器。

⑥ Viewer（查看者）：查看者可以登录和查看服务器上已发布的视图，可以订阅视图并以图像或摘要数据形式下载，但是无法连接到数据源和创建、编辑或发布内容等。

⑦ 未许可：未经许可的用户无法登录到服务器。

14.3.2 如何向站点添加用户

管理员可以使用单独输入用户电子邮件和批量导入包含用户信息的CSV文件两种方式添加用户。

登录Tableau Cloud站点后，选择"用户数"，在"用户数"页面单击"添加用户"按钮，有两种添加用户的方式：通过电子邮件添加用户和从文件导入用户，这里我们选择第一种"通过电子邮件添加用户"的方式，如图14-28所示。

271

图 14-28 "通过电子邮件添加用户"

然后在空白文本框中输入一个或多个电子邮件地址，使用分号分隔各个地址，选择用户的站点权限角色，最后单击"添加用户"按钮即可，如图14-29所示。

如果要批量向站点中添加用户，就可以创建一个用户信息的CSV文件，各列的顺序依次是用户名、用户密码、显示名称、许可级别（Creator、

图 14-29 "添加用户"

Explorer、Viewer（查看者）或Unlicensed）、管理员级别（System、Site或None）、发布者权限（yes/true/1或no/false/0）、电子邮箱，例如我们这里批量导入两个用户，如图14-30所示。

| sh***@126.com | Wren2014 | wang2019 | Creator | None | Yes | sh***@126.com |
| sh***@126.com | Wren2014 | wang2020 | Creator | None | Yes | sh***@126.com |

图 14-30　用户 CSV 文件

注意，CSV文件中的各列顺序不能颠倒，否则无法正常导入，同时没有列标题。批量导入的步骤具体如下：

步骤 01 登录Tableau Cloud站点后，选择"用户"，单击"添加用户"按钮，然后单击"从文件导入用户"按钮，然后进入"从文件导入用户"页面，如图14-31所示。

步骤 02 单击"选择文件"按钮，查看CSV文件所在位置，然后单击"导入

用户"按钮，如图14-32所示。

步骤 **03** 当出现导入完成的信息时单击"完成"按钮，如图14-33所示。

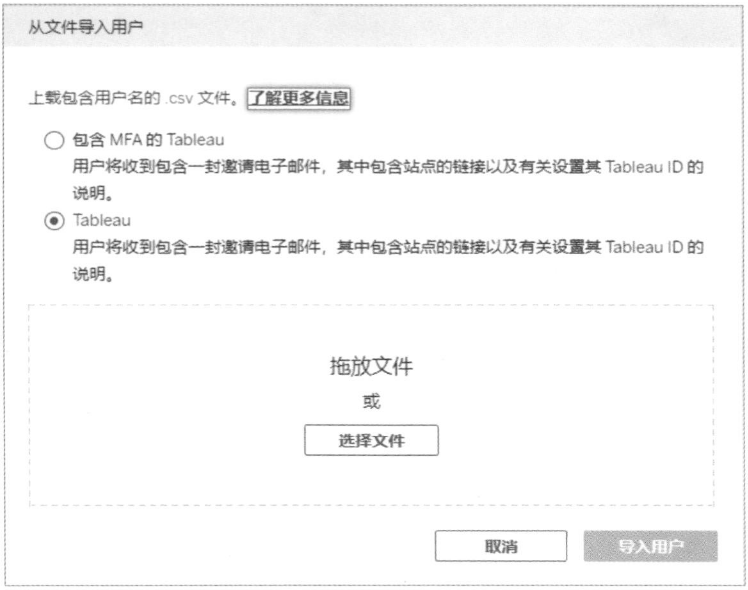

从文件导入用户

上载包含用户名的 .csv 文件。 了解更多信息

○ 包含 MFA 的 Tableau
  用户将收到包含一封邀请电子邮件，其中包含站点的链接以及有关设置其 Tableau ID 的
  说明。
◉ Tableau
  用户将收到包含一封邀请电子邮件，其中包含站点的链接以及有关设置其 Tableau ID 的
  说明。

拖放文件
或
选择文件

取消　　导入用户

图 14-31　"从文件导入用户"页面

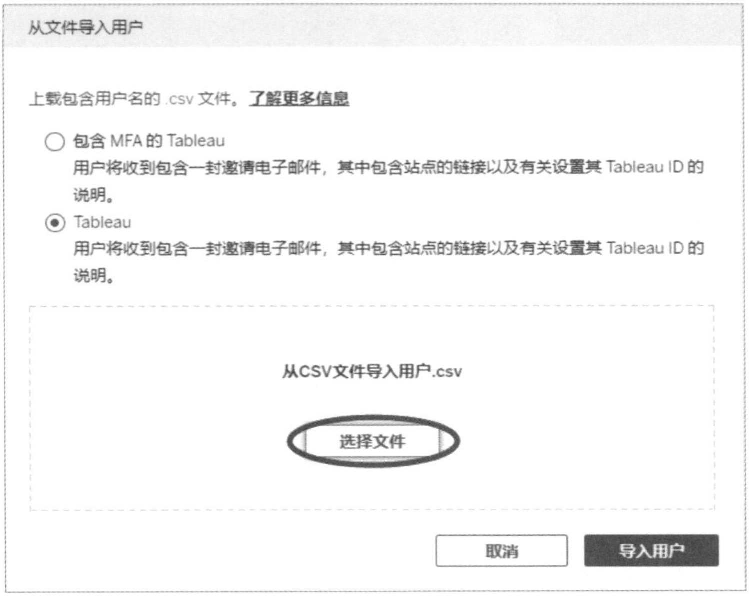

从文件导入用户

上载包含用户名的 .csv 文件。**了解更多信息**

○ 包含 MFA 的 Tableau
  用户将收到包含一封邀请电子邮件，其中包含站点的链接以及有关设置其 Tableau ID 的
  说明。
◉ Tableau
  用户将收到包含一封邀请电子邮件，其中包含站点的链接以及有关设置其 Tableau ID 的
  说明。

从CSV文件导入用户.csv

选择文件

取消　　导入用户

图 14-32　"选择文件"按钮

从文件导入用户

○ 包含 MFA 的 Tableau
用户将收到包含一封邀请电子邮件，其中包含站点的链接以及有关设置其 Tableau ID 的说明。

● Tableau
用户将收到包含一封邀请电子邮件，其中包含站点的链接以及有关设置其 Tableau ID 的说明。

导入完成
已跳过 0 个用户
已处理 2 个用户

已创建 2 个用户。

已将 2 个用户添加到站点。

已更新 2 个用户的站点角色。

完成

图 14-33　导入完成对话框

14.3.3　如何创建和管理群组

在站点页面中单击"群组"，然后单击"添加组"按钮，选择"本地组"选项，如图14-34所示。

图 14-34　创建群组

为新组输入一个名称，如可视化分析，勾选"登录时授予角色"，然后单击"创建"按钮，如图14-35所示。

默认情况下，每个站点都存在"所有用户"这个组，无法删除该组，添加到

服务器的每个用户都将自动成为"所有用户"组的成员。

向组中添加用户的步骤如下:

步骤 01 在站点中单击"可视化分析"组,如图14-36所示。

步骤 02 在可视化分析组页面中单击"添加用户"按钮,如图14-37所示。

图 14-35　输入组的名称

图 14-36　单击"可视化分析"组

图 14-37　"添加用户"按钮

在添加用户页面中勾选需要添加到组中的用户,然后单击"添加用户(2)"按钮,如图14-38所示。

如果需要从站点中移除用户,首先选择需要删除的用户,然后单击其右侧的"…",选择"移除"选项,如图14-39所示。

在确认对话框中单击"移除(1)"按钮,该用户将会从站点中移除,如图14-40所示。

275

图 14-38　选择添加到组的用户

图 14-39　"移除"选项

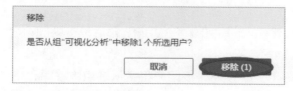

图 14-40　确认是否删除

14.4 Tableau 在线服务器项目操作

项目是工作簿、视图和数据源的集合。管理员可以创建项目、重命名项目、更改项目所有者、为项目及其内容设置权限、锁定内容权限等。

14.4.1 如何创建和管理项目

下面介绍如何创建项目，在"主页"页面下单击"管理项目"按钮，如图14-41所示。

图 14-41 "管理项目"按钮

然后单击"新建"按钮，在弹出的下拉框中选择"项目"选项，如图14-42所示。

图 14-42 创建新项目

277

输入新建项目的名称，还可以在说明中输入项目简介，然后单击"创建"按钮，如图14-43所示。

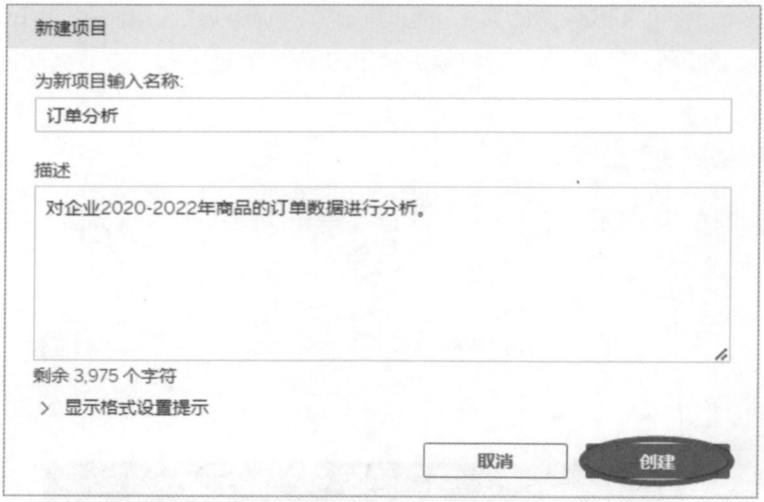

图 14-43　配置并创建新项目

项目测试结束，可以删除不需要的项目。选择需要删除的项目，然后单击其右侧的"…"，在下拉框中选择"删除"选项，如图14-44所示。注意删除项目需要站点管理员权限，且删除项目后，该项目所包含的工作簿和视图都会从服务器中删除。

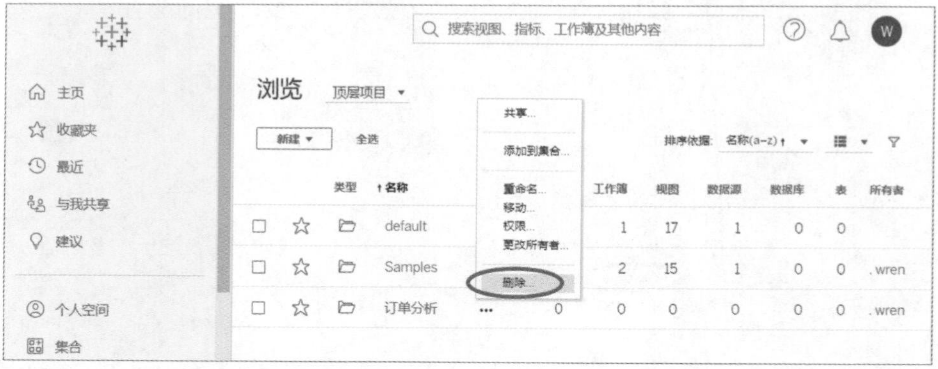

图 14-44　通过下拉框方式删除项目

也可以先选择需要删除的项目，然后单击上方的"操作"按钮，在下拉框中选择"删除"选项，如图14-45所示。

图 14-45　通过"操作"方式删除项目

在删除对话框中单击"删除
"（1）"按钮，就可以实现对指定
项目的删除，如图14-46所示。
注意站点中的"default"项目
是无法删除的。

图 14-46　确认是否删除

14.4.2　如何创建项目工作簿

工作簿是我们制作视图的基础，下面介绍如何创建工作簿。在"主页"页面
下单击"管理项目"，然后单击"创建"按钮，在弹出的下拉框中选择"工作簿"
选项，如图14-47所示。

也可以直接在"主页"选项下，单击"工作簿"按钮，如图14-48所示。

图 14-47　通过"管理项目"创建工作簿

图 14-48　在"主页"选项下创建工作簿

Tableau Cloud创建的工作簿有四种方式连接到数据：此站点上、文件、连接器和加速器，下面逐一进行介绍。

① 连接到"此站点上"的数据，即浏览或搜索已发布的数据源，如图14-49所示。

图 14-49　连接"此站点上"数据

②"文件"选项卡，支持在浏览器中下载Excel文件、文本文件，以及空间文件。

③"连接器"选项卡，可以连接到存放于企业中的云数据库中或服务器上的数据。需要为想要进行的每个数据连接提供连接信息。

④"加速器"选项卡，可以导入已有的仪表板起始模板。

280

14.4.3　如何移动项目工作簿

如果需要将工作簿从一个项目移动到另一个项目。选择需要移动的工作簿，然后单击其右侧的"…"，在下拉框中选择"移动"选项，如图14-50所示。

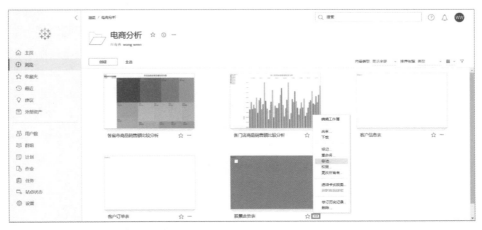

图14-50　选择需要移动的工作簿

也可以先选择需要移动的工作簿，然后单击上方的"操作"按钮，在下拉框中选择"移动"选项，如图14-51所示。为工作簿选择移动的目标项目，然后单击"移动"按钮，即可实现工作簿的移动。

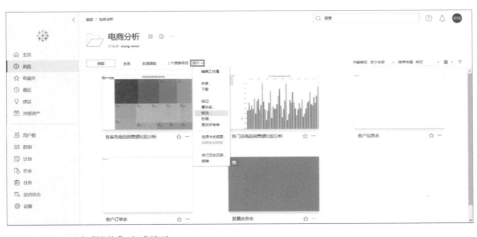

图14-51　通过"操作"方式移动

附录 Tableau 主要函数

    Tableau 函数丰富，包括数学函数、字符串函数、日期函数、类型转换函数、逻辑函数、聚合函数、直通函数、用户函数、表计算函数等，下面介绍每类函数的用法及范例。为方便读者学习，提高学习效率，这部分内容以电子版的形式提供，扫下方二维码即可阅读。

扫码阅读

参考文献

［1］ 刘宝华，牛婷婷，秦洲，等. 基于Tableau大数据的隧道技术状况分析［J］. 公路，2019, 64(03): 342-346.

［2］ 白玲. Tableau在医疗卫生数据可视化分析中的应用［J］. 中国数字医学，2018, 13(10): 72-74+77.

［3］ 白玲. 基于Tableau工具的医疗数据可视化分析［J］. 中国医院统计，2018, 25(05): 399-401.

［4］ 古锐昌，丁钰琳. Tableau在气象大数据可视化分析中的应用［J］. 广东气象，2017, 39(06): 40-42.

［5］ 陈佳艳. 基于Tableau实现在线教育大数据的可视化分析［J］. 江苏商论，2018, 400(02): 123-125.

［6］ 黄亮，戴小鹏，王奕. 基于Tableau的商业数据可视化分析［J］. 电脑知识与技术，2018, 14(29): 14-15, 17.

［7］ 王露，杨晶晶，黄铭. 基于R语言和Tableau的气象数据可视化分析［J］. 计算机与网络，2017, 43(24): 69-71.

［8］ 李良才，张家铭，崔昌宇，等. 基于Tableau实现MOOC学习行为数据可视化分析［J］. 电脑编程技巧与维护，2016, 364(22): 47, 75.

［9］ 赵三珊，沈豪栋，许唐云，等. 基于Tableau技术的电网企业综合计划监测体系研究［J］. 电力与能源，2018, 39(03): 339-343.

［10］ 张蕾，李昂，向翰丞. 基于Tableau的大电量客户用电量异常分析［J］. 电工技术，2018, 475(13): 76-77.

［11］ 杨月. Tableau在航运企业航线营收数据分析中的应用［J］. 集装箱化，2018, 29(08): 8-9.

［12］ 郭二强，李博. 基于Excel和Tableau实现企业业务数据化管理［J］. 电子技术与软件工程，2018, 142(20): 168.

［13］ 杨小军，张雪超，李安琪. 利用Excel和Tableau实现业务工作数据化管理［J］. 电脑编程技巧与维护，2017, 378(12): 66-68.

［14］ 刘磊，王强，吕帅. 模糊命题模态逻辑的Tableau方法［J］. 哈尔滨工程大学学报，2017, 38(06): 914-920.

［15］ 王露，鲁倩南，杨美霞，等．基于Tableau的电磁频谱数据分类与展示［J］．中国无线电，2017，263(07): 54-56.

［16］ .Tableau 9.3为数据分析、分享和协作提速［J］．电脑与电信，2016, 236(03): 10.

［17］ .Tableau推出API，助力开发人员打造全新数据分析体验［J］．电脑与电信，2016, 242(09): 4-5.

［18］ .Tableau在华设立分公司帮助客户掌控数据的力量［J］．中国电子商情（基础电子），2015，953(09): 37.

［19］ 刘红阁，王淑娟，温融冰．人人都是数据分析师Tableau应用实战［M］．北京：人民邮电出版社，2015, 45-98

［20］ 沈浩，王涛，韩朝阳，等．触手可及的大数据分析工具：Tableau案例集［M］．北京：电子工业出版社，2015, 34-151.